Einstern

Mathematik für Grundschulkinder

3

Themenheft 2

✦ Addition und Subtraktion im Zahlenraum bis 1 000

✦ Geometrie Teil 2 – Flächen

Erarbeitet von Roland Bauer und Jutta Maurach

In Zusammenarbeit mit der Cornelsen Redaktion Grundschule

Cornelsen

Mathematik für Grundschulkinder
Themenheft 2

Addition und Subtraktion
im Zahlenraum bis 1 000

Geometrie Teil 2 –
Flächen

Erarbeitet von:	Roland Bauer, Jutta Maurach
Fachliche Beratung:	Prof'in Dr. Silvia Wessolowski
Fachliche Beratung exekutive Funktionen:	Dr. Sabine Kubesch, INSTITUT BILDUNG plus, im Auftrag des ZNL TransferZentrum für Neurowissenschaften und Lernen, Ulm
Redaktion:	Friederike Thomas, Peter Groß, Uwe Kugenbuch
Illustration:	Yo Rühmer
Umschlaggestaltung:	Cornelia Gründer, agentur corngreen, Leipzig
Layout und technische Umsetzung:	lernsatz.de

fex steht für *Förderung exekutiver Funktionen*. Hierbei werden neueste Erkenntnisse der kognitiven Neurowissenschaft zum spielerischen Training exekutiver Funktionen für die Praxis nutzbar gemacht. **fex** wurde vom **ZNL TransferZentrum für Neurowissenschaften und Lernen** *(www.znl-ulm.de)* an der Universität Ulm gemeinsam mit der **Wehrfritz GmbH** *(www.wehrfritz.com)* ins Leben gerufen. Der Cornelsen Verlag hat in Kooperation mit dem ZNL ein Konzept für die Förderung exekutiver Funktionen im Unterrichtswerk *Einstern* entwickelt.

Bildnachweis

33.1 Fotolia/© Becker #77247404 (Uhr) **33.2** Fotolia/© hans12 #33485241 (Knopf) **33.3** Shutterstock/Flipser (Brief) **33.4** Shutterstock/canbedone (Postit) **33.5** Fotolia/© Mannaggia #70126408 (Spielkarte) **33.6** Shutterstock/Champ008 (CD) **33.7** Fotolia/© claer #51727497 (Geodreieck) **35.1** Ilja Grigorjewitsch Tschaschnik „Suprematische Komposition"/akg-images **35.2** Wassily Kandinsky „Mit dem Dreieck"/bridgemanimages.com **39.1** Fotolia/© redkoala #94155593 **39.2** Fotolia/© irmaiirma #82293647 **39.3** Fotolia/© pgmart #94639745

www.cornelsen.de

1. Auflage, 4. Druck 2023

Alle Drucke dieser Auflage sind inhaltlich unverändert
und können im Unterricht nebeneinander verwendet werden.

© 2016 Cornelsen Schulverlage GmbH, Berlin
© 2017 Cornelsen Verlag GmbH, Berlin

Druck: Athesiadruck GmbH

ISBN 978-3-06-083692-5
ISBN 978-3-06-084230-8 (E-Book: alle Themenhefte 3)

PEFC-zertifiziert
Dieses Produkt stammt aus nachhaltig bewirtschafteten Wäldern
PEFC
PEFC/18-31-166　www.pefc.de

Inhaltsverzeichnis

Janek

PATRICK

$436+285=721$
$436+200=636$
$636+80=716$
$716+5=721$

Mailin

LEA

$325-178=$
$325-100-70-8=$

$436+285$

$325-178$

$325-178=147$
$325-8=317$
$317-70=247$
$247-100=147$

LENA

-100 325
-70 -8
225    $317-325$
-8 247
147   155 -100
147

TiM

Jetzt rechnen wir Plus- und Minus-aufgaben.

Plus- und Minusaufgaben bis 100 wiederholen und üben

1 Rechne im Kopf.
Schreibe nur die Ergebnisse auf.

a) 46 + 30 = ▢
53 + 40 = ▢
61 + 20 = ▢
35 + 50 = ▢

b) 59 − 40 = ▢
78 − 50 = ▢
43 − 30 = ▢
81 − 20 = ▢

Das kannst du schon.

Seite 5 Aufgabe 1
a)   7 6   b)   ...
      :

2 Ergänze passende Zehnerzahlen.
Finde verschiedene Möglichkeiten.

a) 31 + ▢ + ▢ + ▢ = 91

b) 82 − ▢ − ▢ − ▢ = 12

c) 17 + ▢ + ▢ + ▢ + ▢ = 87

d) 95 − ▢ − ▢ − ▢ − ▢ = 25

Seite 5 Aufgabe 2
a)   3 1 + ...   b)   ...

31 + 10 + 20 + 30 = 91

3 Rechne im Kopf.
Schreibe nur die Ergebnisse auf.

a) 32 + 43 = ▢
21 + 27 = ▢
56 + 21 = ▢
44 + 51 = ▢

b) 68 − 34 = ▢
46 − 21 = ▢
55 − 33 = ▢
79 − 51 = ▢

Seite 5 Aufgabe 3
a)   7 5   b)   ...
      :

4 Rechne mit deinem Rechenweg.

a) 68 + 27 = ▢
19 + 46 = ▢
25 + 59 = ▢
38 + 34 = ▢

b) 42 − 17 = ▢
84 − 58 = ▢
63 − 45 = ▢
35 − 26 = ▢

c) 56 + 37 = ▢
66 − 27 = ▢
29 + 49 = ▢
51 − 26 = ▢

d) 91 − 67 = ▢
17 + 45 = ▢
74 − 36 = ▢
42 + 39 = ▢

Seite 5 Aufgabe 4
a)   6 8 + 2 7 = ...   b)   ...
      :

5 Stelle mit den Zahlenkärtchen Plusaufgaben zusammen.
Schreibe sie auf und löse sie.
Kontrolliere selbst mithilfe der Umkehraufgabe.

Seite 5 Aufgabe 5
a)   3 7 + 5 4 = 9 1, denn 9 1 − 5 4 = 3 7

...

Ein Wurfspiel auswerten

1 Die Kinder haben ein Wurfspiel gemacht.

a) Berechne, wie viele Punkte jedes Kind erreicht hat.

	Max	Lea	Mai-Lin	Janek
1. Wurf	200	500	200	500
2. Wurf	200	100	200	–
3. Wurf	100	200	500	200

Seite 6 Aufgabe 1

a) Max: 5 0 0 Punkte

Lea: ...

⋮

b) Max: 3. Wurf: 5 0 0 Punkte

Lea: 1. Wurf: ...

⋮

b) In der zweiten Runde haben die Kinder nicht alle Wurfergebnisse notiert. Berechne und schreibe die fehlenden Punktzahlen in dein Heft.

	Max	Lea	Mai-Lin	Janek
1. Wurf	200	🟨	🟨	200
2. Wurf	200	500	500	🟨
3. Wurf	🟨	100	–	500
zusammen	900	800	600	700

2 Welche Würfe könnten die Kinder ausgeführt haben? Schreibe passende Rechnungen in dein Heft.

a) Mai-Lin hat mit zwei Würfen 600 Punkte erzielt.

b) Janek hat mit drei Würfen 900 Punkte erreicht.

c) Max hatte drei gleiche Würfe und zusammen mehr als 500 Punkte.

d) Finde und berechne selbst weitere Aufgaben.

Seite 6 Aufgabe 2

a) 6 0 0 = 5 0 0 + 1 0 0 oder

6 0 0 = 1 0 0 + 5 0 0

b) ...

c) 5 0 0 < ...

★ erkennen den Zusammenhang zwischen einer Sachsituation und einer tabellarischen Ergebnisdokumentation
★ erschließen sich und berechnen aus Tabellen Daten, die nicht direkt ablesbar sind
★ variieren die Aufgabenstellung und entwickeln eigene Fragestellungen

→ Ü Seite 11

1 Suche dir ein anderes Kind. Legt Plusaufgaben mit Hunterzahlen.

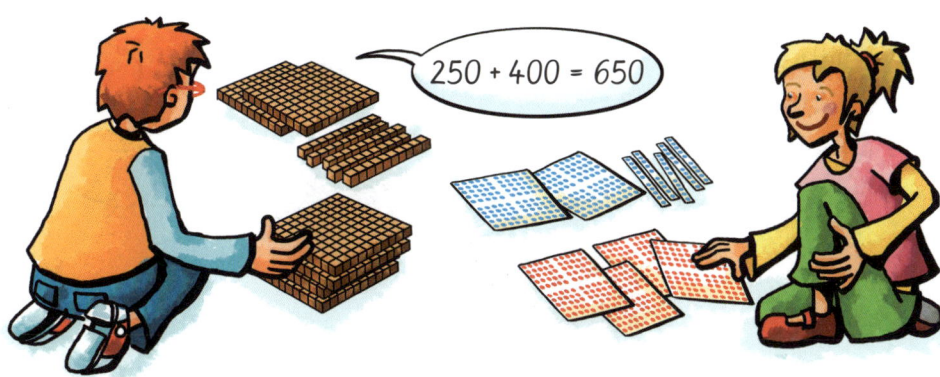

2 Schreibe zu den Bildern Plusaufgaben in dein Heft.

a)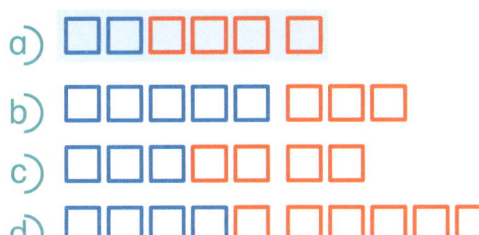

b)

c)

d)

Seite 7 Aufgabe 2

a) 2 0 0 + 4 0 0 = 6 0 0   b) ...

3 Berechne und schreibe in dein Heft. Du kannst als Hilfe die Aufgaben legen oder zeichnen.

a) 500 + 500 = ☐   b) 600 + ☐ = 900

200 + 500 = ☐   300 + ☐ = 800

400 + 300 = ☐   ☐ + 200 = 800

100 + 400 = ☐   ☐ + 400 = 600

Seite 7 Aufgabe 3

a) 5 0 0 + 5 0 0 = 1 0 0 0   b) ...

4 Schreibe zu den Bildern Plusaufgaben in dein Heft.

a)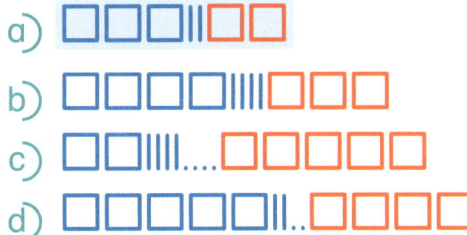

b)

c)

d)

Seite 7 Aufgabe 4

a) 3 2 0 + 2 0 0 = 5 2 0   b) ...

5 Berechne und schreibe in dein Heft. Du kannst als Hilfe die Aufgaben legen oder zeichnen.

a) 210 + 300 = ☐   b) 421 + 300 = ☐

160 + 600 = ☐   212 + 400 = ☐

630 + 300 = ☐   543 + 200 = ☐

310 + 400 = ☐   491 + 500 = ☐

Seite 7 Aufgabe 5

a) ☐ ☐ | ☐ ☐ ☐   b) ...

2 1 0 + 3 0 0 = 5 1 0

c) Überlege dir selbst jeweils zwei passende Aufgaben zu a) und b).

★ nutzen planvoll und systematisch die Struktur des Zehnersystems und begründen Beziehungen zwischen verschiedenen Zahldarstellungen
★ übertragen eine Darstellung in eine andere

1 Suche dir ein anderes Kind. Legt Minusaufgaben mit Hunderterzahlen.

540 – 200 = 340

2 Schreibe zu den Bildern Minusaufgaben in dein Heft.

a)

b)

c)

d)

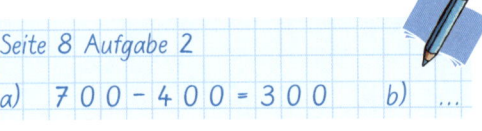

Seite 8 Aufgabe 2

a) 7 0 0 – 4 0 0 = 3 0 0   b) ...

3 Berechne und schreibe in dein Heft. Du kannst als Hilfe die Aufgaben legen oder zeichnen.

a) 800 – 300 =
 700 – 400 =
 600 – 200 =
 400 – 400 =

b) 900 – = 700
 800 – = 200
  – 200 = 500
  – 500 = 400

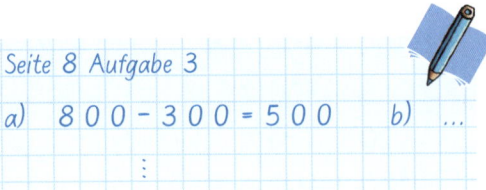

Seite 8 Aufgabe 3

a) 8 0 0 – 3 0 0 = 5 0 0   b) ...

4 Schreibe zu den Bildern Minusaufgaben in dein Heft.

a)

b)

c)

d)

Seite 8 Aufgabe 4

a) 7 4 0 – 4 0 0 = 3 4 0   b) ...

5 Berechne und schreibe in dein Heft. Du kannst als Hilfe die Aufgaben legen oder zeichnen.

a) 430 – 200 =
 870 – 500 =
 910 – 400 =
 780 – 300 =

b) 563 – 300 =
 642 – 400 =
 885 – 600 =
 431 – 200 =

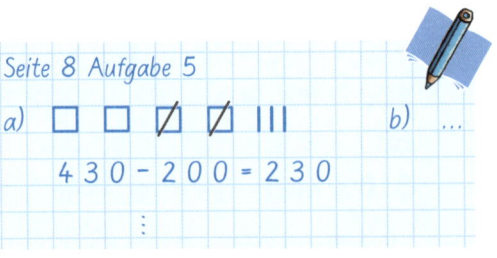

Seite 8 Aufgabe 5

a) □ □ ⧄ ⧄ III
 4 3 0 – 2 0 0 = 2 3 0

b) ...

c) Überlege dir selbst jeweils zwei passende Aufgaben zu a) und b).

★ nutzen planvoll und systematisch die Struktur des Zehnersystems und begründen Beziehungen zwischen verschiedenen Zahldarstellungen
★ übertragen eine Darstellung in eine andere

Plus- und Minusaufgaben mit Hundertern üben

1 Löse die Plusaufgaben. Schreibe die Ergebnisse in dein Heft.

a) $350 + 300 =$ ▨
$780 + 200 =$ ▨
$290 + 600 =$ ▨
$470 + 400 =$ ▨

b) $562 + 400 =$ ▨
$473 + 300 =$ ▨
$291 + 500 =$ ▨
$694 + 100 =$ ▨

Seite 9 Aufgabe 1
a) 6 5 0 , …   b) …

c) Überlege dir selbst jeweils zwei passende
Aufgaben zu a) und b).

2 Löse die Minusaufgaben. Schreibe die Ergebnisse in dein Heft.

a) $470 - 200 =$ ▨
$530 - 400 =$ ▨
$720 - 300 =$ ▨
$840 - 600 =$ ▨

b) $516 - 300 =$ ▨
$664 - 400 =$ ▨
$941 - 600 =$ ▨
$432 - 200 =$ ▨

Seite 9 Aufgabe 2
a) 2 7 0 , …   b) …

c) Überlege dir selbst jeweils zwei passende
Aufgaben zu a) und b).

3 Löse die Aufgaben.

a) $450 +$ ▨ $= 750$
$340 +$ ▨ $= 940$
$570 +$ ▨ $= 870$

b) $325 +$ ▨ $= 725$
$478 +$ ▨ $= 978$
$692 +$ ▨ $= 892$

Seite 9 Aufgabe 3
a) 4 5 0 + 3 0 0 = 7 5 0   b) …
⋮

4 Löse die Aufgaben.

a) $570 -$ ▨ $= 370$
$940 -$ ▨ $= 440$
$790 -$ ▨ $= 290$

b) $324 -$ ▨ $= 124$
$632 -$ ▨ $= 232$
$914 -$ ▨ $= 214$

Seite 9 Aufgabe 4
a) 5 7 0 - 2 0 0 = 3 7 0   b) …
⋮

5 Finde die vier Aufgaben mit falschen Ergebnissen.
Schreibe sie mit dem richtigen Ergebnis auf.

a) $560 + 200 = 760$
$340 + 300 = 370$
$290 + 500 = 790$
$460 + 400 = 500$

b) $560 - 300 = 530$
$720 - 500 = 220$
$430 - 200 = 230$
$970 - 700 = 900$

Seite 9 Aufgabe 5
3 4 0 + 3 0 0 = 6 4 0   …

c) Besprich mit einem anderen Kind, was falsch gemacht wurde.
Du findest bei a) und b) jeweils gleiche Fehler.

| $6 + 4 - 3$ | $3 + 4 - 5 + 4$ | $3 + 6 - 4 + 3 - 5$ |

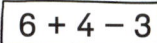

Den eigenen Weg finden

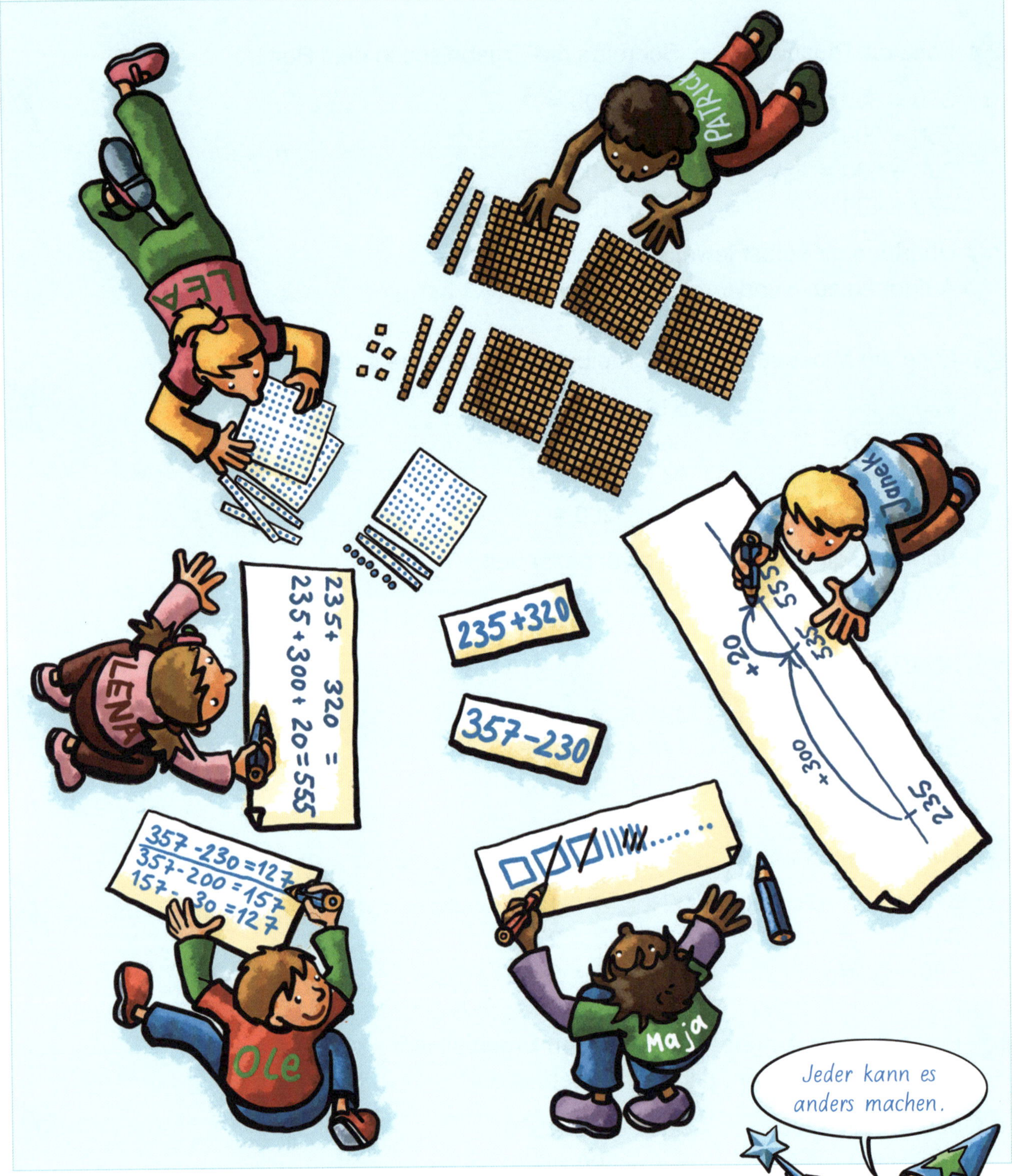
LEA
LENA
Janek
Ole
Maja
235+320
357-230
235+ 320 =
235+300+20=555
357-230=127
357-200=157
157-30=127
+20
+300
235
555

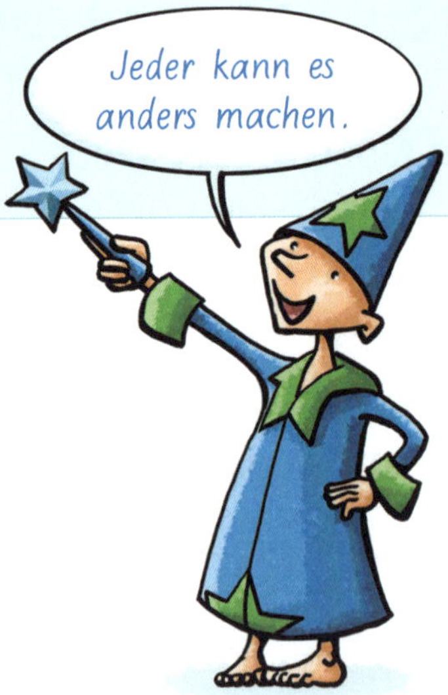
Jeder kann es anders machen.

1. Löse die beiden Aufgaben 235 + 320 und 357 – 230. Probiere mindestens drei verschiedene Hilfsmittel aus, die du bei den Kindern siehst.

2. Entscheide, mit welchen Hilfsmitteln du die Aufgabe am besten lösen kannst. Vergleiche mit einem anderen Kind.

* lösen Plus- und Minusaufgaben im Zahlenraum bis 1000
* vergleichen und bewerten verschiedene Lösungswege und Hilfsmittel sowie deren Darstellung

1 Suche dir ein anderes Kind. Legt Plusaufgaben mit Hundertern und Zehnern.

235 + 340 = 575

2 Schreibe zu jedem Bild zwei Plusaufgaben mit den Rechenschritten in dein Heft. Löse sie.

a)

b)

c)

d)

Seite 11 Aufgabe 2
a) 3 4 0 + 4 0 0 + 2 0 = 7 6 0
    3 4 0 + 2 0 + 4 0 0 = 7 6 0
b) ...

3 Schreibe deine Rechenschritte auf. Löse die Plusaufgaben. Du kannst als Hilfe die Aufgaben legen oder zeichnen.

a) 340 + 220 = ▦
   310 + 470 = ▦
   620 + 240 = ▦

b) 720 + 250 = ▦
   540 + 340 = ▦
   810 + 180 = ▦

c) Überlege dir selbst jeweils zwei passende Aufgaben zu a) und b).

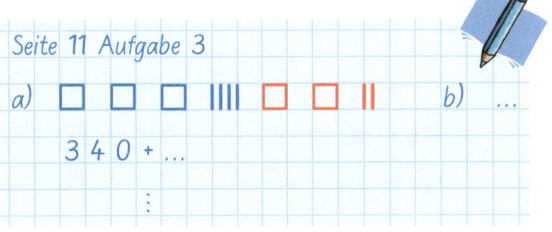

Seite 11 Aufgabe 3
a) ▢ ▢ ▢ |||| ▢ ▢ || b) ...
   3 4 0 + ...

4 Schreibe zu jedem Bild zwei Plusaufgaben mit den Rechenschritten in dein Heft. Löse sie.

a)

b)

c)

d)

Seite 11 Aufgabe 4
a) 4 3 2 + 3 0 0 + 4 0 = 7 7 2
    4 3 2 + 4 0 + 3 0 0 = 7 7 2
b) ...

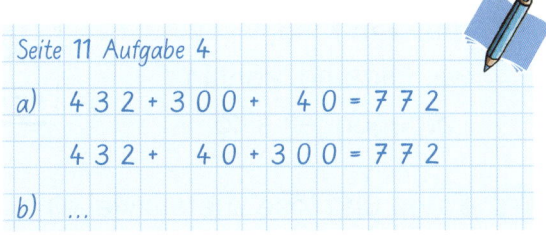

5 Schreibe deine Rechenschritte auf. Löse die Plusaufgaben. Du kannst als Hilfe die Aufgaben legen oder zeichnen.

a) 367 + 210 = ▦
   578 + 320 = ▦
   618 + 270 = ▦
   235 + 650 = ▦

b) 156 + 640 = ▦
   328 + 450 = ▦
   137 + 340 = ▦
   633 + 250 = ▦

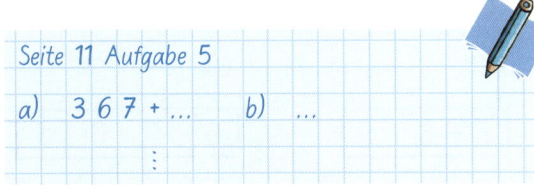

Seite 11 Aufgabe 5
a) 3 6 7 + ...   b) ...

→ AH Seite 16

★ nutzen planvoll und systematisch die Struktur des Zehnersystems und begründen Beziehungen zwischen verschiedenen Zahldarstellungen
★ übertragen eine Darstellung in eine andere

Plusaufgaben mithilfe verwandter Aufgaben lösen

1 Löse die Aufgaben. Schreibe das Ergebnis auf.

a)
8 + 9 =
7 + 6 =
9 + 5 =
6 + 8 =
5 + 7 =
8 + 4 =

b)
50 + 70 =
80 + 60 =
40 + 90 =
60 + 60 =
90 + 80 =
70 + 50 =

5 + 7 = 12

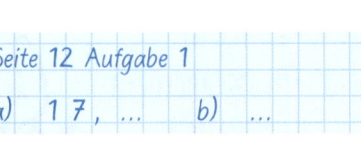

Das kannst du schon.

Seite 12 Aufgabe 1

a) 1 7 , ...   b) ...

2 Bilde Reihen mit verwandten Aufgaben. Schreibe sie in dein Heft.

a)
7 + 4 =
70 + 40 =
170 + 40 =
⋮

b)
8 + 5 =
80 + 50 =
180 + 50 =
⋮

Seite 12 Aufgabe 2

a)   7 + 4 = 1 1   b) ...

      7 0 + 4 0 = 1 1 0

⋮

3 Löse verwandte Aufgaben.

a)
40 + 80 =
340 + 80 =
345 + 80 =

b)
50 + 90 =
650 + 90 =
658 + 90 =

c)
70 + 50 =
470 + 50 =
473 + 50 =

d)
60 + 70 =
760 + 70 =
767 + 70 =

Seite 12 Aufgabe 3

a)   4 0 + 8 0 = 1 2 0   b) ...

      3 4 0 + 8 0 = 4 2 0

      3 4 5 + 8 0 = 4 2 5

4 Ole und Mai-Lin bilden die verwandten Aufgaben auf verschiedene Weise. Besprich mit einem anderen Kind, wie Ole und Mai-Lin vorgegangen sind.

477 + 80 =

Mai-Lin
70 + 80 =
470 + 80 =
477 + 80 =

Ole
70 + 80 =
77 + 80 =
477 + 80 =

5 Finde und löse zuerst zwei einfache Aufgaben. Entscheide, ob du den Weg von Mai-Lin oder von Ole wählst.

a) 567 + 70 =
b) 873 + 50 =
c) 354 + 80 =
d) 238 + 90 =
e) 685 + 60 =
f) 491 + 40 =

Seite 12 Aufgabe 5

a)   6 0 + 7 0 = 1 3 0   b) ...

⋮

| 8 − 6 + 5 | | 6 − 4 + 6 − 3 | | 7 − 5 + 2 − 3 + 8 | 9   7   5

12
* übertragen ihre Kenntnisse des Einspluseins bis 100 auf den Zahlenraum bis 1000
* nutzen und vergleichen unterschiedliche Rechenwege

→ AH Seite 17
→ Ü Seiten 12 und 13

Plusaufgaben am Rechenstrich in zwei Schritten lösen

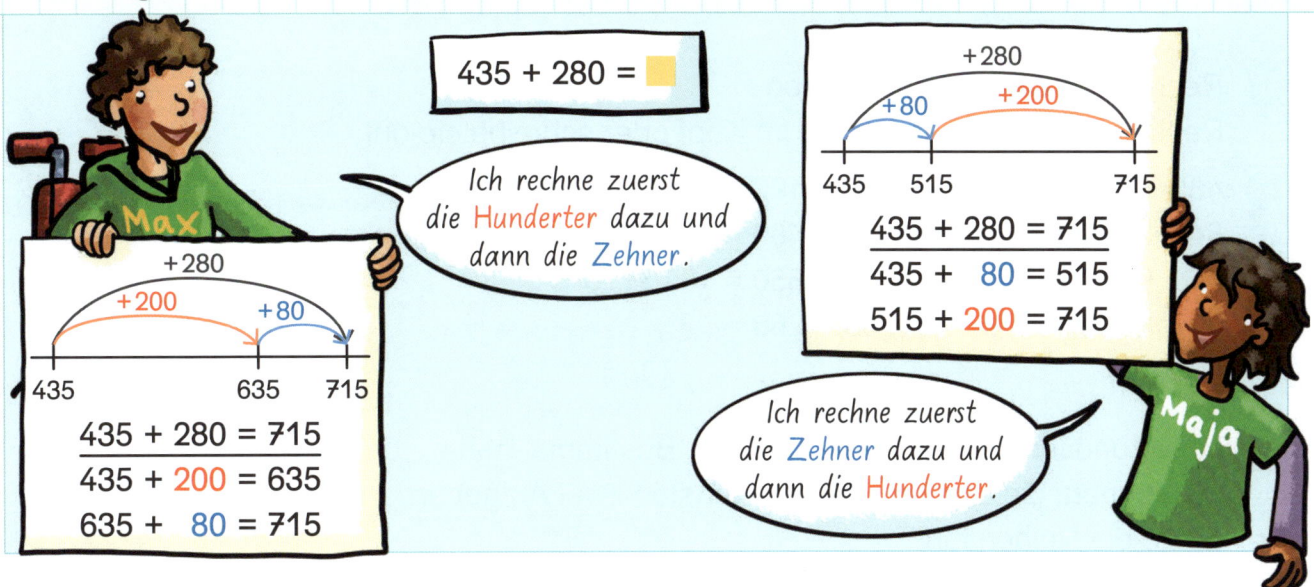

$435 + 280 = $ ▢

Ich rechne zuerst die Hunderter dazu und dann die Zehner.

+280
+200   +80

435   635   715

435 + 280 = 715
435 + 200 = 635
635 + 80 = 715

+280
+80   +200

435   515   715

435 + 280 = 715
435 + 80 = 515
515 + 200 = 715

Ich rechne zuerst die Zehner dazu und dann die Hunderter.

1 Überlege, ob du die Aufgabe 435 + 280 wie Max oder wie Maja rechnen würdest.

2 Lies die Aufgaben am Rechenstrich ab. Schreibe die Rechenschritte auf.

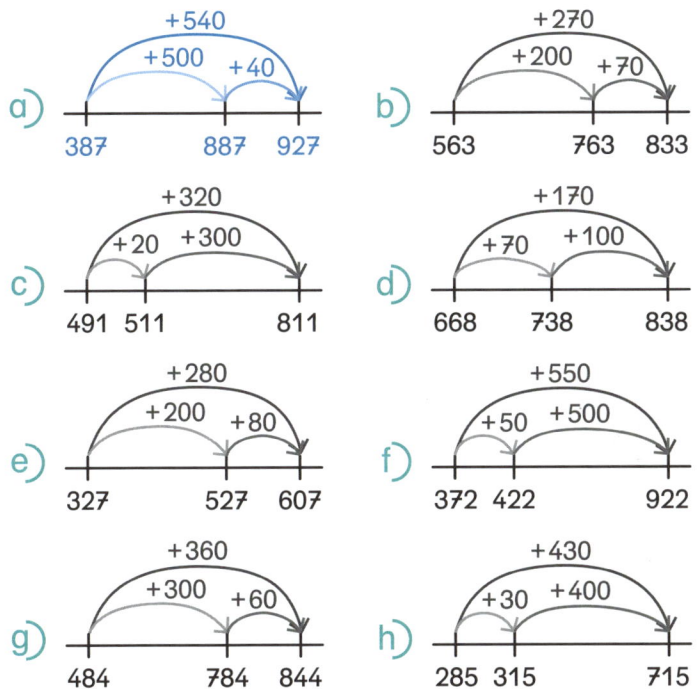

a)
+540
+500   +40

387   887   927

b)
+270
+200   +70

563   763   833

c)
+320
+20   +300

491 511   811

d)
+170
+70   +100

668   738   838

e)
+280
+200   +80

327   527   607

f)
+550
+50   +500

372 422   922

g)
+360
+300   +60

484   784   844

h)
+430
+30   +400

285 315   715

Seite 13 Aufgabe 2

a)   3 8 7 + 5 4 0 = ...   b)   ...
     3 8 7 + 5 0 0 = 8 8 7
     8 8 7 +   4 0 = 9 2 7

3 Rechne mit deinem Rechenweg. Zeichne oder schreibe ihn auf.

a) 652 + 280 = ▢   b) 351 + 490 = ▢

c) 276 + 360 = ▢   d) 567 + 250 = ▢

e) 186 + 470 = ▢   f) 351 + 570 = ▢

g) Notiere deinen Rechenweg im Lerntagebuch.

Seite 13 Aufgabe 3

a)   ...

→ Ü Seite 14

★ stellen ihre Rechenwege nachvollziehbar dar
★ übertragen eine Darstellung in eine andere

Den eigenen Rechenweg anwenden

1 Rechne mit deinem Rechenweg.
Rechne deine Rechenschritte im Kopf oder schreibe sie auf.

a) 463 + 170 = ☐
546 + 180 = ☐
351 + 360 = ☐
137 + 690 = ☐

b) 775 + 190 = ☐
472 + 480 = ☐
289 + 650 = ☐
268 + 260 = ☐

Seite 14 Aufgabe 1

a) ...

2 Löse zunächst nur die erste Aufgabe. Bestimme, ohne
zu rechnen, die Ergebnisse der nächsten zwei Aufgaben.
Setze die Reihen fort.

a) 467 + 280 = ☐
477 + 270 = ☐
487 + 260 = ☐
⋮

b) 334 + 280 = ☐
354 + 260 = ☐
374 + 240 = ☐
⋮

c) 583 + 350 = ☐
483 + 450 = ☐
383 + 550 = ☐
⋮

d) 792 + 180 = ☐
682 + 290 = ☐
572 + 400 = ☐
⋮

Seite 14 Aufgabe 2

a) 4 6 7 + 2 8 0 = 7 4 7   b) ...
4 7 7 + 2 7 0 = ...
4 8 7 + 2 6 0 = ...
⋮

e) Begründe, warum du die Reihen,
ohne zu rechnen, fortsetzen konntest.
Besprich die Erklärung mit einem anderen Kind.

3

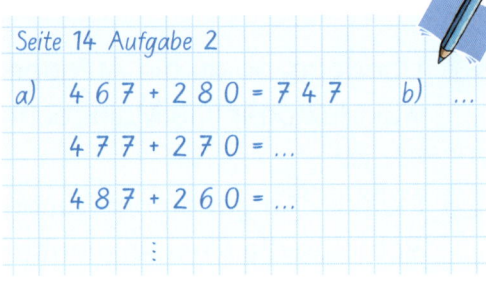

Berechne die Kaufpreise.

a) Familie Bauer kauft einen Tisch und vier Stühle.

b) Lisa bekommt ein Bett und einen Schrank.

c) Herr Maier kauft zwei Sessel und einen Tisch.

d) Finde selbst weitere Beispiele.
Schreibe sie in dein Heft und rechne.

Seite 14 Aufgabe 3

a) 2 9 9 € + 1 7 0 € + ...   b) ...

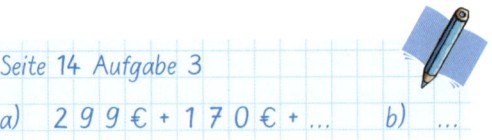

★ entwickeln vorteilhafte Lösungsstrategien
★ erklären, vergleichen und bewerten Rechenwege und begründen ihre Ergebnisse
★ beschreiben arithmetische Muster und deren Gesetzmäßigkeit

→ AH Seite 18

 1 Suche dir ein anderes Kind. Legt Minusaufgaben mit Hundertern und Zehnern.

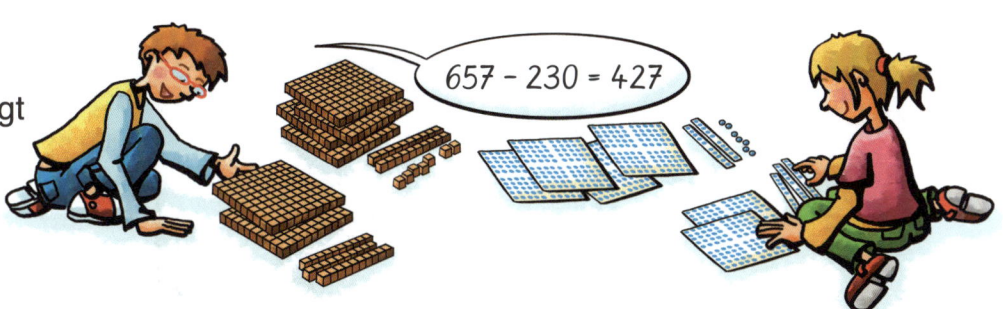

657 – 230 = 427

2 Schreibe zu jedem Bild zwei Minusaufgaben mit den Rechenschritten in dein Heft. Löse sie.

a)

b)

c)

d)

```
Seite 15 Aufgabe 2
a)   6 9 0 - 3 0 0 -    5 0 = 3 4 0
     6 9 0 -    5 0 - 3 0 0 = 3 4 0
b)  ...
```

3 Schreibe deine Rechenschritte auf. Löse die Minusaufgaben. Du kannst als Hilfe die Aufgaben legen oder zeichnen.

a) 570 – 340 =
　380 – 270 =
　640 – 320 =

b) 960 – 550 =
　770 – 430 =
　480 – 360 =

```
Seite 15 Aufgabe 3
a)  □ □ ▨ ▨ ▨ IIII卌卌      b)  ...
    5 7 0 - 3 4 0 = 2 3 0
        ⋮
```

c) Überlege dir selbst jeweils zwei passende Aufgaben zu a) und b).

4 Schreibe zu jedem Bild zwei Minusaufgaben mit den Rechenschritten in dein Heft. Löse sie.

a)

b)

c)

d)

```
Seite 15 Aufgabe 4
a)   6 7 3 - 3 0 0 -    2 0 = 3 5 3
     6 7 3 -    2 0 - 3 0 0 = 3 5 3
b)  ...
```

5 Schreibe deine Rechenschritte auf. Löse die Minusaufgaben. Du kannst als Hilfe die Aufgaben legen oder zeichnen.

a) 765 – 340 =
　592 – 260 =
　854 – 440 =
　639 – 530 =

b) 488 – 360 =
　973 – 750 =
　345 – 220 =
　278 – 160 =

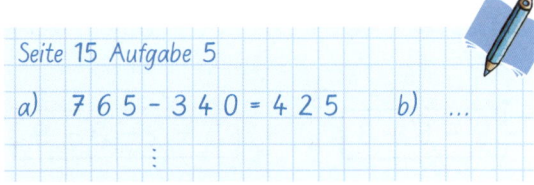

```
Seite 15 Aufgabe 5
a)   7 6 5 - 3 4 0 = 4 2 5      b)  ...
        ⋮
```

→ AH Seite 19

＊ nutzen planvoll und systematisch die Struktur des Zehnersystems und begründen Beziehungen zwischen verschiedenen Zahldarstellungen
＊ übertragen eine Darstellung in eine andere

Minusaufgaben mithilfe verwandter Aufgaben lösen

1 Löse die Aufgaben. Schreibe das Ergebnis auf.

a)
13 − 8 = ◻
11 − 5 = ◻
14 − 9 = ◻
13 − 6 = ◻
15 − 7 = ◻
12 − 4 = ◻

b)
120 − 50 = ◻
150 − 80 = ◻
110 − 30 = ◻
140 − 90 = ◻
160 − 70 = ◻
130 − 60 = ◻

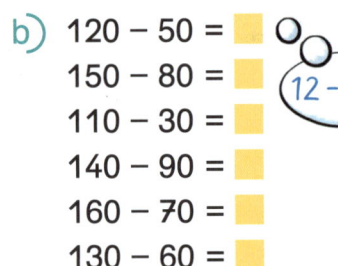

12 − 5 = 7

Das kannst du schon.

Seite 16 Aufgabe 1

a) ...

2 Bilde Reihen mit verwandten Aufgaben. Schreibe sie in dein Heft.

a)
14 − 5 = ◻
140 − 50 = ◻
240 − 50 = ◻
⋮

b)
13 − 6 = ◻
130 − 60 = ◻
230 − 60 = ◻
⋮

Seite 16 Aufgabe 2

a) 14 − 5 =   9   b) ...
   140 − 50 = 90
        ⋮

3 Löse verwandte Aufgaben.

a)
120 − 40 = ◻
420 − 40 = ◻
427 − 40 = ◻

b)
130 − 60 = ◻
530 − 60 = ◻
539 − 60 = ◻

c)
160 − 90 = ◻
760 − 90 = ◻
762 − 90 = ◻

d)
150 − 70 = ◻
650 − 70 = ◻
654 − 70 = ◻

Seite 16 Aufgabe 3

a) 120 − 40 = 80   b) ...
   420 − 40 = 380
   427 − 40 = 387

4 Ole und Lisa bilden die verwandten Aufgaben auf verschiedene Weise. Besprich mit einem anderen Kind, wie Ole und Lisa vorgegangen sind.

744 − 80 = ◻

140 − 80 = ◻
740 − 80 = ◻
744 − 80 = ◻

140 − 80 = ◻
144 − 80 = ◻
744 − 80 = ◻

5 Finde und löse zuerst zwei einfache Aufgaben.
Entscheide, ob du den Weg von Ole oder von Lisa wählst.

a) 678 − 90 = ◻   b) 922 − 50 = ◻

c) 435 − 80 = ◻   d) 348 − 60 = ◻

e) 819 − 40 = ◻   f) 634 − 70 = ◻

Seite 16 Aufgabe 5

a) 170 − 90 = 80   b) ...
        ⋮

9 − 5 + 8   5 + 2 − 3 + 9   8 − 6 + 7 − 3 + 5

13   12   11

★ übertragen ihre Kenntnisse des Einspluseins bis 100 auf den Zahlenraum bis 1 000
★ nutzen und vergleichen unterschiedliche Rechenwege

→ AH Seite 20
→ Ü Seiten 15 und 16

Minusaufgaben am Rechenstrich in zwei Schritten lösen

Mai-Lin

$623 - 240 = $

Ich nehme zuerst die Zehner weg und dann die Hunderter.

$$-240$$
$$-40 \quad -200$$
383   423   623

$623 - 240 = 383$
$623 - 200 = 423$
$423 - 40 = 383$

Ich nehme zuerst die Hunderter weg und dann die Zehner.

Paul

$$-240$$
$$-200 \quad -40$$
383   583   623

$623 - 240 = 383$
$623 - 40 = 583$
$583 - 200 = 383$

1 Überlege, ob du die Aufgabe $623 - 240$ wie Mai-Lin oder wie Paul rechnen würdest.

2 Lies die Aufgaben am Rechenstrich ab.
Schreibe die Rechenschritte auf.

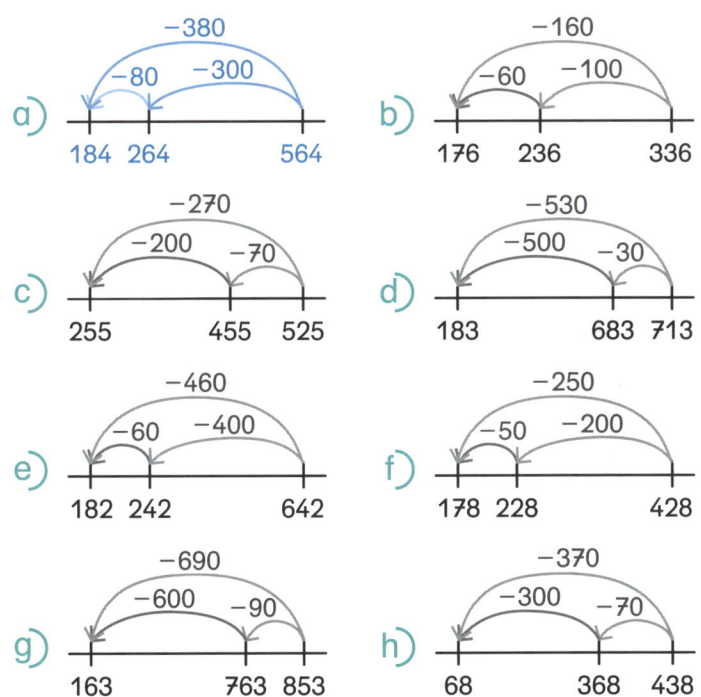

a)
$$-380$$
$$-80 \quad -300$$
184 264   564

b)
$$-160$$
$$-60 \quad -100$$
176   236   336

c)
$$-270$$
$$-200 \quad -70$$
255   455 525

d)
$$-530$$
$$-500 \quad -30$$
183   683 713

e)
$$-460$$
$$-60 \quad -400$$
182 242   642

f)
$$-250$$
$$-50 \quad -200$$
178 228   428

g)
$$-690$$
$$-600 \quad -90$$
163   763 853

h)
$$-370$$
$$-300 \quad -70$$
68   368 438

Seite 17 Aufgabe 2
a) $5\,6\,4 - 3\,8\,0 = \ldots$ b) $\ldots$
    $5\,6\,4 - 3\,0\,0 = 2\,6\,4$
    $2\,6\,4 - 8\,0 = 1\,8\,4$

3 Rechne mit deinem Rechenweg. Zeichne oder schreibe ihn auf.

a) $652 - 290 = $ ▉   b) $731 - 470 = $ ▉

c) $826 - 360 = $ ▉   d) $512 - 250 = $ ▉

e) $948 - 580 = $ ▉   f) $649 - 580 = $ ▉

g) Notiere deinen Rechenweg im Lerntagebuch.

Seite 17 Aufgabe 3
a) $\ldots$

→ Ü Seite 17

★ stellen ihre Rechenwege nachvollziehbar dar
★ übertragen eine Darstellung in eine andere

Den eigenen Rechenweg anwenden

1 Rechne mit deinem Rechenweg.
Rechne deine Rechenschritte im Kopf oder schreibe sie auf.

a)
534 − 270 = ☐
765 − 390 = ☐
451 − 260 = ☐
656 − 470 = ☐

b)
968 − 390 = ☐
842 − 560 = ☐
929 − 540 = ☐
333 − 160 = ☐

> *Seite 18 Aufgabe 1*
>
> *a) ...*

2 Löse zunächst nur die erste Aufgabe. Bestimme, ohne zu rechnen,
die Ergebnisse der nächsten zwei Aufgaben. Setze die Reihen fort.

a)
773 − 280 = ☐
763 − 270 = ☐
753 − 260 = ☐
⋮

b)
864 − 670 = ☐
844 − 650 = ☐
824 − 630 = ☐
⋮

c)
935 − 650 = ☐
835 − 550 = ☐
735 − 450 = ☐
⋮

d)
672 − 490 = ☐
562 − 380 = ☐
452 − 270 = ☐
⋮

> *Seite 18 Aufgabe 2*
>
> *a) 7 7 3 − 2 8 0 = 4 9 3   b) ...*
>
> *   7 6 3 − 2 7 0 = ...*
>
> *   7 5 3 − 2 6 0 = ...*
>
> *   ⋮*

e) Begründe, warum du die Reihen, ohne zu rechnen, fortsetzen konntest.
Besprich die Erklärung mit einem anderen Kind.

3

a) Familie Bauer kauft eine Waschmaschine
für 636 Euro. Der Händler gibt ihr für ihre
alte Waschmaschine 80 Euro.
Wie viel muss Familie Bauer noch bezahlen?

> *Seite 18 Aufgabe 3*
>
> *a) 6 3 6 € − 8 0 € = ...*
>
> *Familie Bauer muss noch ... € bezahlen.*
>
> *b) ...*

b) Herr Witzig möchte für seinen alten Herd
50 Euro haben. Er hat einen neuen Herd
ausgesucht, der 545 Euro kostet.
Was müsste er dem Händler noch bezahlen?

c) Suche selbst weitere Beispiele und berechne.
Du kannst in Prospekten oder Katalogen Preise für Elektrogeräte finden.

★ entwickeln vorteilhafte Lösungsstrategien
★ erklären, vergleichen und bewerten Rechenwege und begründen ihre Ergebnisse
★ beschreiben arithmetische Muster und deren Gesetzmäßigkeit

→ AH Seite 21

Wege berechnen

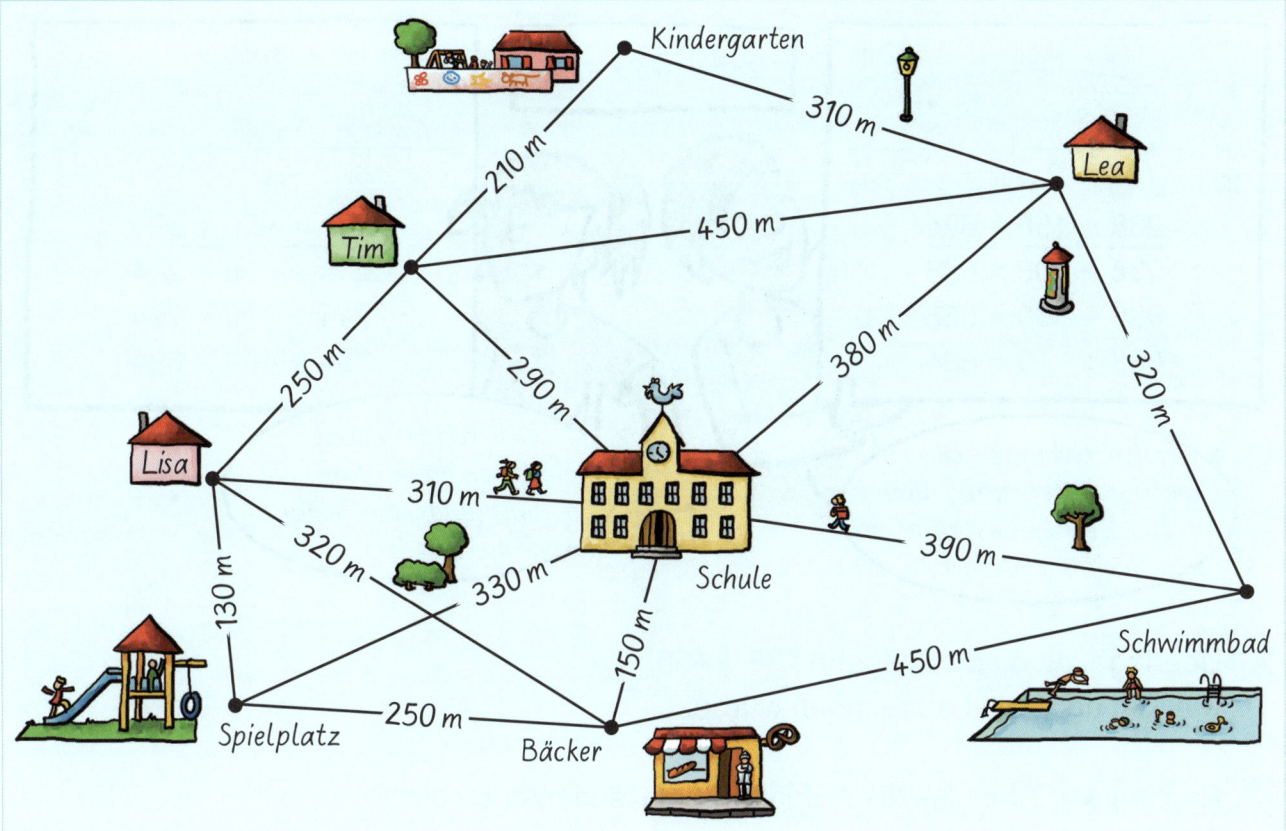

 1 Schaue dir mit einem Partner den Plan an. Beschreibt, was darauf dargestellt ist.

a) Welches Kind hat den kürzesten, welches den längsten Schulweg?
Wie groß ist der Unterschied zwischen beiden Wegen?

b) Wie lang sind die Schulwege der Kinder (Hin- und Rückweg)?

c) Tim geht mit Lisa auf den Spielplatz und wieder zurück.
Wie lang sind die Wege für jedes Kind?

d) Tim begleitet Lea von der Schule nach Hause und holt dann seinen Bruder
im Kindergarten ab. Wie lang ist dann sein Weg von der Schule nach Hause?
Um wie viel länger ist dieser Weg als sein üblicher Schulweg?

e) Die Kinder haben in der letzten Stunde Schwimmunterricht.
Sie gehen direkt vom Schwimmbad aus nach Hause.
Wie lang ist für jedes Kind der kürzeste Weg nach Hause?

 2 Sucht selbst weitere Fragen, die ihr euch zunächst gegenseitig stellt.
Beantwortet sie gemeinsam.

 3 Schreibe gemeinsam mit einem anderen Kind einige Fragen auf ein Blatt Papier.
Stellt diese anderen Kindern in der Klasse zur Verfügung.
Beantwortet einige der Fragen, die sich andere Kinder ausgedacht haben.

∗ nutzen Skizzen und Lagepläne zur Orientierung im Raum
∗ finden mathematische Lösungen zu Sachsituationen
∗ entnehmen einem Lageplan relevante Informationen und formulieren dazu mathematische Fragestellungen

19

Plusaufgaben in drei Schritten lösen

Tim: *Ich rechne zuerst die Hunderter dazu, dann die Zehner und zum Schluss die Einer.*

Lea: *Ich rechne zuerst die Einer dazu, dann die Zehner und zum Schluss die Hunderter.*

1 Überlege, ob du die Aufgabe 238 + 456 wie Tim oder wie Lea rechnen würdest.

2 Rechne wie Tim. Lies die Aufgaben am Rechenstrich ab. Schreibe die Rechenschritte auf.

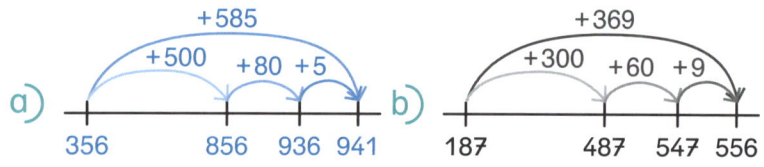

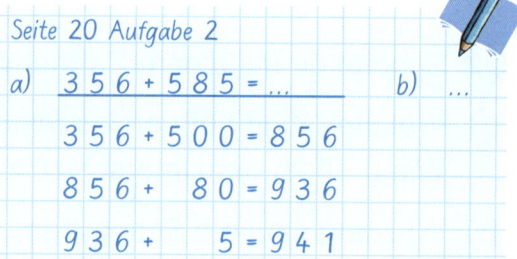

Seite 20 Aufgabe 2

a) 3 5 6 + 5 8 5 = ...

3 5 6 + 5 0 0 = 8 5 6
8 5 6 + 8 0 = 9 3 6
9 3 6 + 5 = 9 4 1

b) ...

3 Rechne wie Lea. Lies die Aufgaben am Rechenstrich ab. Schreibe die Rechenschritte auf.

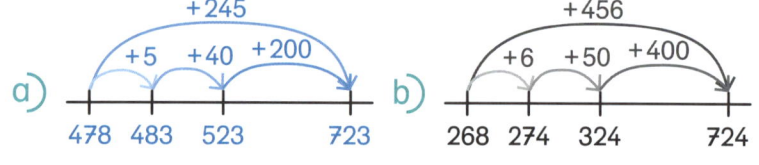

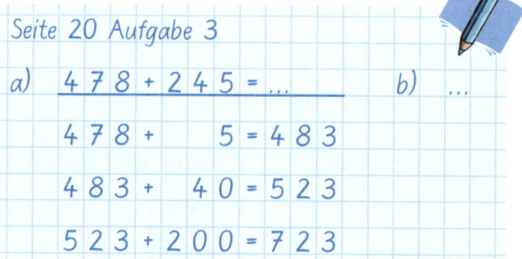

Seite 20 Aufgabe 3

a) 4 7 8 + 2 4 5 = ...

4 7 8 + 5 = 4 8 3
4 8 3 + 4 0 = 5 2 3
5 2 3 + 2 0 0 = 7 2 3

b) ...

4 Stelle deine Rechenschritte am Rechenstrich dar. Schreibe die Rechenschritte auf.

a) 425 + 268 = ▨   b) 363 + 229 = ▨

c) 254 + 376 = ▨   d) 547 + 358 = ▨

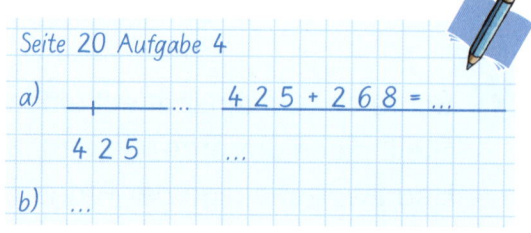

Seite 20 Aufgabe 4

a) _____ ... 4 2 5 + 2 6 8 = ...

4 2 5 ...

b) ...

★ lösen Additionsaufgaben im Zahlenraum bis 1000
★ nutzen, erklären und vergleichen Rechenstrategien
★ übertragen die am Rechenstrich dargestellte Schrittfolge in nacheinander ausgeführte Additonsaufgaben und umgekehrt

445 + 236 = ☐

Janek: Ich notiere meinen Rechenweg am Rechenstrich.

+

+   +   +

445   ☐   ☐   ☐

Sofie: Ich schreibe drei Aufgaben.

445 + 236 = ☐

445 + ☐ = ☐

☐ + ☐ = ☐

☐ + ☐ = ☐

Patrick: Ich schreibe eine Zerlegungsaufgabe.

445 + ☐ + ☐ + ☐ = ☐

Und wie schreibst du?

---

1 Löse die Aufgabe 445 + 236.
Zeichne oder schreibe deine Rechenschritte
wie Janek, Lisa und Patrick.

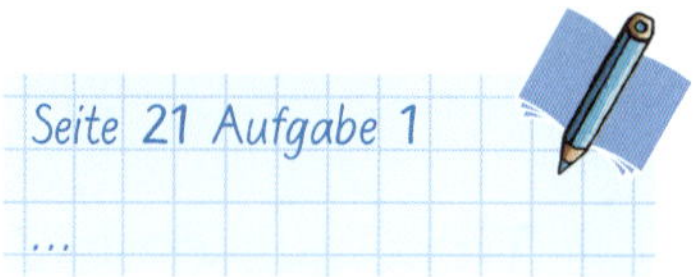

Seite 21 Aufgabe 1
...

2 Überlege, mit welcher Darstellung der Rechenschritte
du am besten rechnen kannst.

3 Rechne mit deinem Rechenweg.
Stelle die Rechenschritte auf deine Weise dar.

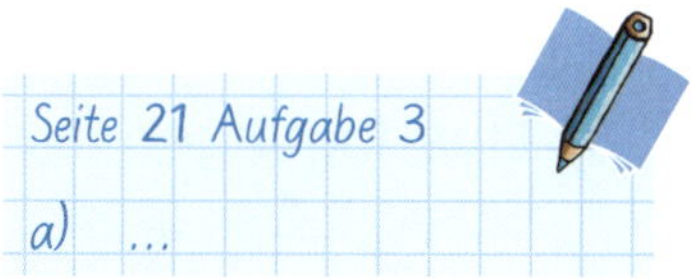

a) 326 + 263 = ☐   b) 455 + 281 = ☐
   152 + 626 = ☐   574 + 355 = ☐
   643 + 248 = ☐   553 + 289 = ☐
   456 + 225 = ☐   386 + 437 = ☐

Seite 21 Aufgabe 3
a)   ...

c) Notiere deinen Rechenweg im Lerntagebuch.

→ AH Seite 22

★ stellen Rechenschritte auf verschiedene Weise dar
★ reflektieren und begründen ihre individuell bevorzugte Notationsform

21

Den eigenen Rechenweg anwenden

1 Rechne mit deinem Rechenweg.
Notiere deine Rechenschritte.

a) 563 + 354 = ▢
384 + 425 = ▢
195 + 561 = ▢
276 + 452 = ▢

b) 394 + 423 = ▢
468 + 271 = ▢
275 + 562 = ▢
194 + 632 = ▢

c) 584 + 237 = ▢
376 + 465 = ▢
453 + 389 = ▢
657 + 163 = ▢

Seite 22 Aufgabe 1
a) ...

Du kannst auch zeichnen.

2 Löse die Aufgaben.
Setze die Zeichen <, > oder = passend ein.

a) 274 + 341 ◯ 614
382 + 523 ◯ 805
173 + 152 ◯ 325
452 + 486 ◯ 983

b) 363 + 186 ◯ 549
535 + 381 ◯ 915
756 + 163 ◯ 929
182 + 584 ◯ 677

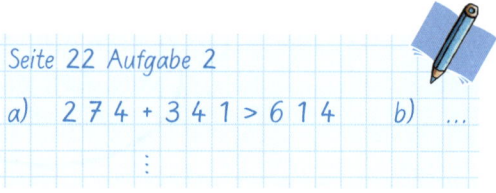

Seite 22 Aufgabe 2
a) 2 7 4 + 3 4 1 > 6 1 4   b) ...

3 Löse die Aufgaben. Trage passende Zahlen ein.

a) 582 + 126 > ▢
663 + 274 = ▢
471 + 357 < ▢
326 + 491 > ▢

b) 256 + 492 < ▢
642 + 285 > ▢
373 + 536 = ▢
484 + 173 < ▢

Seite 22 Aufgabe 3
a) 5 8 2 + 1 2 6 > 6 4 2   b) ...

4 Trage passende Zahlen ein.
Finde verschiedene Möglichkeiten.

a) ▢ + ▢ < ▢

b) ▢ + ▢ > ▢

Seite 22 Aufgabe 4
a) ...

5 Bestimme bei den Ergebnissen von Aufgabe **3** die größte und die kleinste mögliche Lösung im Zahlenraum bis 1 000. Beachte, dass auch 0 ein Ergebnis sein kann. Besprich deine Überlegungen mit einem anderen Kind.

Seite 22 Aufgabe 5
a) 0 , 7 0 7   b) ...

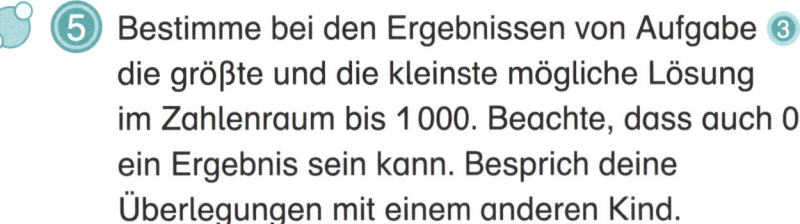

| 9 + 5 − 7 | | 13 − 4 + 6 − 9 | | 7 + 5 − 8 + 7 − 3 |

 6   7   8

⋆ nutzen den individuell vorteilhaften Rechenweg beim Lösen von Aufgaben
⋆ wenden ihre mathematischen Kenntnisse, Fähigkeiten und Fertigkeiten bei der Bearbeitung herausfordernder und unbekannter Aufgaben an und entwickeln dabei Lösungsstrategien

→ Ü Seite 18

Minusaufgaben in drei Schritten lösen

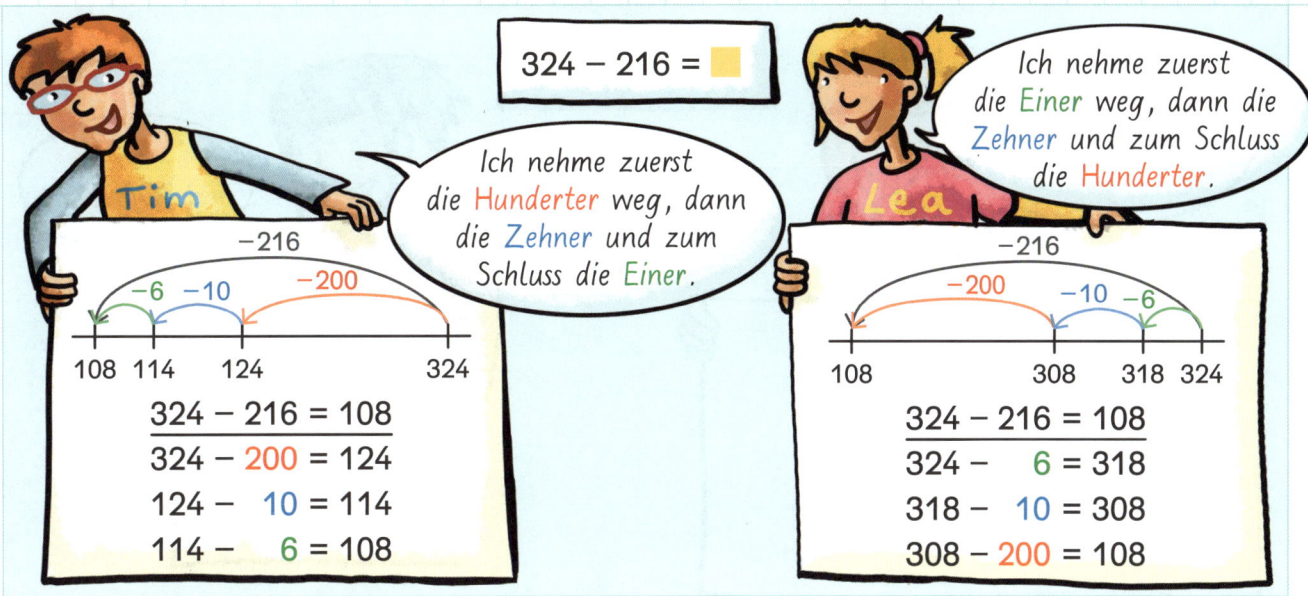

$$324 - 216 = \square$$

Tim: *Ich nehme zuerst die Hunderter weg, dann die Zehner und zum Schluss die Einer.*

$$324 - 216 = 108$$
$$324 - 200 = 124$$
$$124 - 10 = 114$$
$$114 - 6 = 108$$

Lea: *Ich nehme zuerst die Einer weg, dann die Zehner und zum Schluss die Hunderter.*

$$324 - 216 = 108$$
$$324 - 6 = 318$$
$$318 - 10 = 308$$
$$308 - 200 = 108$$

1. Überlege, ob du die Aufgabe 324 − 216
wie Tim oder wie Lea rechnen würdest.

2. Rechne wie Tim. Lies die Aufgaben am Rechenstrich ab.
Schreibe die Rechenschritte auf.

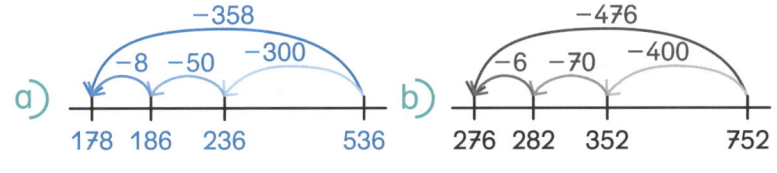

a)
b)

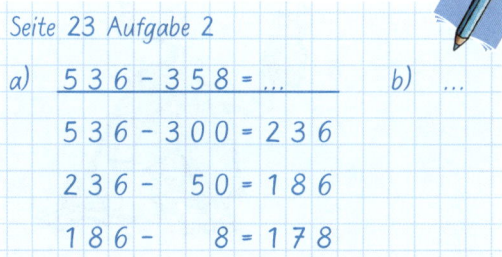

Seite 23 Aufgabe 2
a) 5 3 6 − 3 5 8 = ...   b) ...
   5 3 6 − 3 0 0 = 2 3 6
   2 3 6 −   5 0 = 1 8 6
   1 8 6 −   8 = 1 7 8

3. Rechne wie Lea. Lies die Aufgaben am Rechenstrich ab.
Schreibe die Rechenschritte auf.

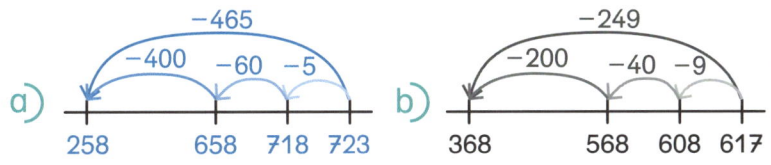

a)
b)

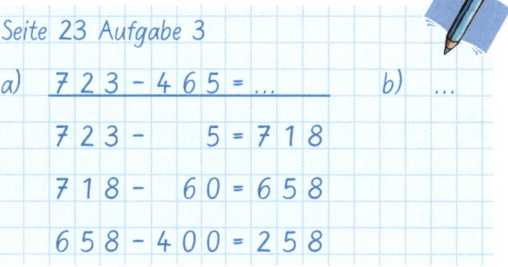

Seite 23 Aufgabe 3
a) 7 2 3 − 4 6 5 = ...   b) ...
   7 2 3 −   5 = 7 1 8
   7 1 8 −   6 0 = 6 5 8
   6 5 8 − 4 0 0 = 2 5 8

4. Stelle deine Rechenschritte am Rechenstrich dar.
Schreibe die Rechenschritte auf.

a) 568 − 325 = ▨
b) 798 − 353 = ▨
c) 682 − 245 = ▨
d) 832 − 456 = ▨

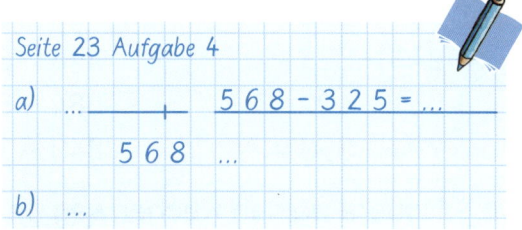

Seite 23 Aufgabe 4
a) ...   568 − 325 = ...
       5 6 8   ...
b) ...

⋆ lösen Subtraktionsaufgaben im Zahlenraum bis 1 000
⋆ nutzen, erklären und vergleichen Rechenstrategien
⋆ übertragen die am Rechenstrich dargestellte Schrittfolge in nacheinander ausgeführte Subtraktionsaufgaben und umgekehrt

23

Ich notiere meinen Rechenweg am Rechenstrich.

Janek

843 − 625 = ☐

843

Ich schreibe drei Aufgaben.

Meral

843 − 625 = ☐
843 − ☐ = ☐
☐ − ☐ = ☐
☐ − ☐ = ☐

Und wie schreibst du?

Ich schreibe eine Zerlegungs-aufgabe.

Patrick

843 − ☐ − ☐ − ☐ = ☐

1 Löse die Aufgabe 843 − 625.
Zeichne oder schreibe deine Rechenschritte
wie Janek, Meral und Patrick.

Seite 24 Aufgabe 1

...

2 Überlege, mit welcher Darstellung der Rechenschritte
du am besten rechnen kannst.

3 Rechne mit deinem Rechenweg.
Stelle die Rechenschritte auf deine Weise dar.

a) 786 − 263 = ☐   b) 728 − 483 = ☐
   847 − 525 = ☐   476 − 381 = ☐
   531 − 122 = ☐   684 − 595 = ☐
   774 − 356 = ☐   843 − 367 = ☐

Seite 24 Aufgabe 3

a) ...

c) Notiere deinen Rechenweg im Lerntagebuch.

✳ stellen Rechenschritte auf verschiedene Weise dar
✳ reflektieren und begründen ihre individuell bevorzugte Notationsform

→ AH Seite 23

Den eigenen Rechenweg anwenden

1 Rechne mit deinem Rechenweg.
Notiere deine Rechenschritte.

a) 658 – 264 = ⬜
317 – 182 = ⬜
865 – 673 = ⬜
784 – 391 = ⬜

b) 769 – 574 = ⬜
874 – 492 = ⬜
651 – 271 = ⬜
338 – 177 = ⬜

c) 964 – 195 = ⬜
657 – 386 = ⬜
836 – 567 = ⬜
523 – 345 = ⬜

Du kannst auch zeichnen.

Seite 25 Aufgabe 1

a) ...

2 Löse die Aufgaben.
Setze die Zeichen <, > oder = passend ein.

a) 646 – 155 ⬤ 481
753 – 281 ⬤ 482
838 – 576 ⬤ 262
669 – 469 ⬤ 210

b) 917 – 586 ⬤ 333
528 – 378 ⬤ 150
747 – 657 ⬤ 189
458 – 295 ⬤ 153

Seite 25 Aufgabe 2

a) 646 – 155 > 481   b) ...

3 Löse die Aufgaben. Trage passende Zahlen ein.

a) 289 – 193 > ⬜
478 – 297 = ⬜
875 – 485 < ⬜
643 – 371 > ⬜

b) 519 – 323 < ⬜
876 – 482 > ⬜
935 – 674 = ⬜
477 – 385 < ⬜

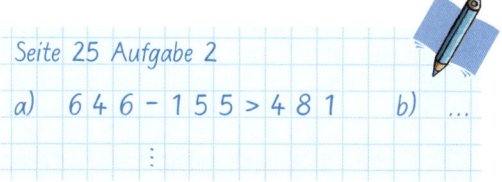

Seite 25 Aufgabe 3

a) 289 – 193 > 89   b) ...

4 Trage passende Zahlen ein.
Finde verschiedene Möglichkeiten.

a) ⬜ – ⬜ < ⬜   b) ⬜ – ⬜ > ⬜

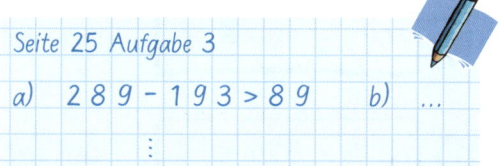

Seite 25 Aufgabe 4

a) ...

5 Bestimme bei den Ergebnissen von Aufgabe **3**
die größte und die kleinste mögliche Lösung
im Zahlenraum bis 1000. Beachte, dass auch 0
ein Ergebnis sein kann. Besprich deine
Überlegungen mit einem anderen Kind.

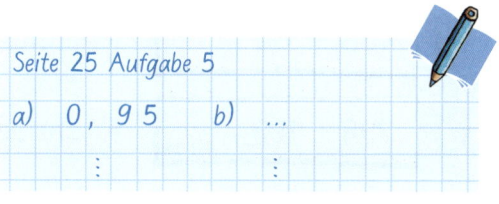

Seite 25 Aufgabe 5

a) 0,95   b) ...

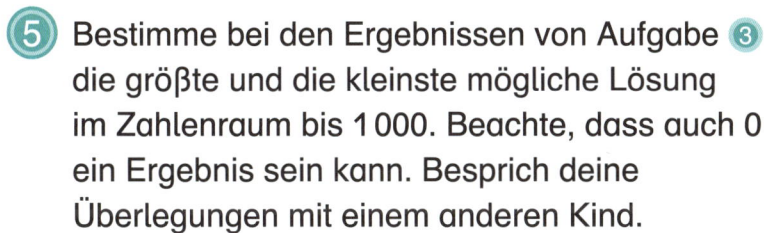

| 30 + 40 – 20 | 20 + 50 – 40 + 60 | 40 + 60 – 70 + 30 – 50 |

 90   10   50

→ Ü Seite 19

★ nutzen den individuell vorteilhaften Rechenweg beim Lösen von Aufgaben
★ wenden ihre mathematischen Kenntnisse, Fähigkeiten und Fertigkeiten bei der Bearbeitung
herausfordernder und unbekannter Aufgaben an und entwickeln dabei Lösungsstrategien

Rechenvorteile anwenden – geschickt rechnen

$347 + 298 = \square$
$347 + 300 - 2 = 645$

Das rechne ich ganz einfach.

$763 - 497 = \square$
$763 - 500 + 3 = 266$

 1 Besprich mit einem anderen Kind, wie Einstern rechnet.

2 Rechne wie Einstern mit Hunderterzahlen. Schreibe die Aufgaben auf.

a) $268 + 197 = \square$ b) $435 - 299 = \square$

c) $664 - 395 = \square$ d) $225 + 298 = \square$

e) $729 - 598 = \square$ f) $756 - 294 = \square$

Seite 26 Aufgabe 2
a) $268 + 200 - 3 = 465$
b) $435 - 300 + \ldots = \ldots$
c) $\ldots$

3 Schreibe auf, welche Rechenvorteile die Kinder anwenden.

a) $223 + 99 = \square$ Tim rechnet: $223 + 100 = 323$
$ 323 - 1 = 322$

b) $473 - 197 = \square$ Lisa rechnet: $473 - 200 = 273$
$ 273 + 3 = 276$

c) $316 + 524 = \square$ Paul rechnet: $320 + 520 = 840$

Seite 26 Aufgabe 3
a) $+ 99$ ist das Gleiche
wie $+ 100 - 1$.
b) $\ldots$

4 Schreibe den noch fehlenden Rechenschritt auf.

a) $246 + 298 = \square$ Rechnung: $246 + 300 = 546$

b) $468 - 197 = \square$ Rechnung: $468 - 200 = 268$

c) $298 + 199 = \square$ Rechnung: $300 + 200 = 500$

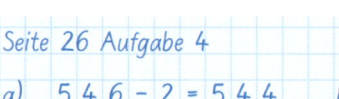
Seite 26 Aufgabe 4
a) $546 - 2 = 544$ b) $\ldots$

 5 Finde selbst Rechenaufgaben, bei denen Rechenvorteile das Lösen erleichtern. Stelle die Aufgaben einem anderen Kind vor und überprüfe, ob es die Rechenvorteile findet.

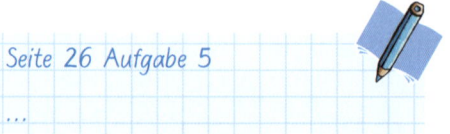
Seite 26 Aufgabe 5
$\ldots$

★ nutzen und erklären Rechenstrategien
★ finden zu gegebener Problemstellung eigene Aufgaben

Aufgabe
540 − 280 = 260

−280

Umkehraufgabe
260 + 280 = 540

+280

Von 540 aus gehe ich 280 zurück. Dann bin ich bei 260.

Wenn ich von 260 aus 280 nach vorn gehe, bin ich wieder bei 540.

1 Schreibe die Aufgaben und die Umkehraufgaben auf. Rechne beide aus.

a) 630 $\xrightarrow{+ 250}$ ◼
   $\xleftarrow{− 250}$

356 $\xrightarrow{+ 270}$ ◼
    $\xleftarrow{− 270}$

b) 460 $\xrightarrow{− 290}$ ◼
   $\xleftarrow{+ 290}$

523 $\xrightarrow{− 360}$ ◼
    $\xleftarrow{+ 360}$

Seite 27 Aufgabe 1
a)   6 3 0 + 2 5 0 = 8 8 0   b) ...
     8 8 0 − 2 5 0 = 6 3 0
          ⋮

2 Finde zu drei Zahlen je zwei Plusaufgaben und zwei Minusaufgaben.

a) 188   b) 843   c) 428
   243   285   814
   55   558   386

Seite 27 Aufgabe 2
a)   5 5 + 1 8 8 = 2 4 3   b) ...
    2 4 3 − 1 8 8 =   5 5
    1 8 8 +   5 5 = ...
    2 4 3 −   5 5 = ...

3 Überprüfe die Aufgaben mit der Umkehraufgabe.
Tipp: Vier Ergebnisse sind falsch.

a) 463 + 287 = 740   b) 358 + 574 = 932
c) 853 − 374 = 379   d) 647 − 369 = 376
e) 888 − 549 = 339   f) 377 + 388 = 755

Seite 27 Aufgabe 3
a)   7 4 0 − 2 8 7 = 4 5 3   b) ...
     falsch

| 80 − 60 + 70 | | 70 − 30 + 50 − 80 | | 60 − 50 + 80 − 40 + 30 |

 90   80   10

⋆ nutzen Umkehraufgaben zur Ergebnisüberprüfung
⋆ wenden den Zusammenhang von Addition und Subtraktion beim Bilden eigener Aufgaben an
⋆ finden, erklären und korrigieren Rechenfehler

Zahlen runden, Ergebnisse mit der Überschlagsrechnung prüfen

Wenn man ein Ergebnis ungefähr ausrechnen oder überprüfen will, kann man mit gerundeten Zahlen rechnen.

Beim Runden auf Hunderter sucht man den nächstgelegenen Nachbarhunderter einer Zahl.
Beim Runden auf Zehner sucht man den nächstgelegenen Nachbarzehner.

≈ bedeutet: ist ungefähr. 186 ist ungefähr 200.

186 ≈ 200

1 Finde für die Zahlen den nächsten Nachbarhunderter.
Schreibe die Zahlen in dein Heft.

a) 186 ≈ ▨
243 ≈ ▨
438 ≈ ▨
573 ≈ ▨

b) 78 ≈ ▨
359 ≈ ▨
649 ≈ ▨
777 ≈ ▨

c) 859 ≈ ▨
953 ≈ ▨
444 ≈ ▨
338 ≈ ▨

Seite 28 Aufgabe 1
a) 1 8 6 ≈ 2 0 0   b) ...

2 Schreibe zu jeder Aufgabe eine Überschlagsrechnung auf.
Runde die Zahlen auf den Zehner.

a) 674 + 229
437 + 338
743 + 122

b) 553 − 478
388 − 192
824 − 546

c) 227 + 652
477 − 344
953 − 359

Seite 28 Aufgabe 2
a) 6 7 0 + 2 3 0 = 9 0 0   b) ...

 3 Hier siehst du die Ergebnisse eines Wurfspiels.

	Lea	Ole	Tim	Maja
1. Wurf	280	360	240	280
2. Wurf	220	320	180	320
3. Wurf	380	220	260	180
4. Wurf	▨	▨	▨	▨

Besprich mit einem anderen Kind:

a) Wie viele Punkte haben die Kinder bisher ungefähr erreicht?
Rechnet mit gerundeten Hunderterzahlen.

b) Lea sagt nach dem Überschlagen der Punktzahlen: „Ich bin auf dem 1. Platz."
Hat sie recht?

c) Wer muss noch die meisten Punkte werfen, um 1 000 zu erreichen? Überschlagt.
Berechnet dann genau, wie viele Punkte noch fehlen.

 ★ runden Zahlen auf Zehner und Hunderter
★ begründen, ob Ergebnisse plausibel und richtig sind, indem sie Ergebnisse durch Überschlag überprüfen

Platzhalteraufgaben in Schritten lösen

1 Rechne bis zum nächsten Hunderter.

a) 520 + ▮ = 600
370 + ▮ = 400
845 + ▮ = 900
736 + ▮ = 800

b) 970 − ▮ = 900
780 − ▮ = 700
692 − ▮ = 600
573 − ▮ = 500

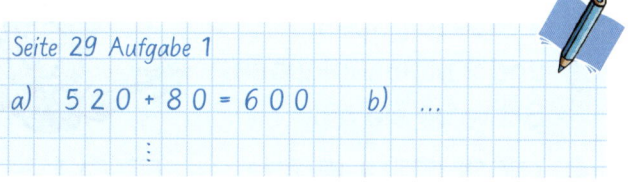

Seite 29 Aufgabe 1

a) 5 2 0 + 8 0 = 6 0 0   b) ...
⋮

2 Rechne in Schritten. Stelle deinen Rechenweg am Rechenstrich dar.
Bei Minusaufgaben kann dir die Umkehraufgabe helfen.

a) 326 + ▮ = 420
457 + ▮ = 530
723 + ▮ = 940
117 + ▮ = 370

b) 448 − ▮ = 380
726 − ▮ = 570
531 − ▮ = 350
998 − ▮ = 760

c) Überlege dir selbst jeweils zwei
passende Aufgaben zu a) und b).

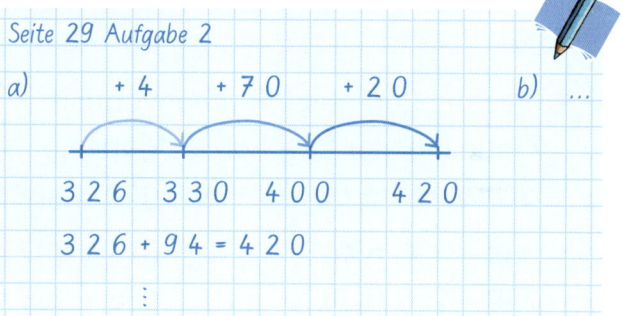

Seite 29 Aufgabe 2

a)   + 4   + 7 0   + 2 0   b) ...

3 2 6   3 3 0   4 0 0   4 2 0

3 2 6 + 9 4 = 4 2 0
⋮

3 Berechne die fehlende Zahl.
Bei Minusaufgaben kann dir die Umkehraufgabe helfen.

a) 358 + ▮ = 524
489 + ▮ = 673
758 + ▮ = 916
583 + ▮ = 712

b) 936 − ▮ = 658
627 − ▮ = 483
521 − ▮ = 398
413 − ▮ = 307

c) Überlege dir selbst jeweils zwei
passende Aufgaben zu a) und b).

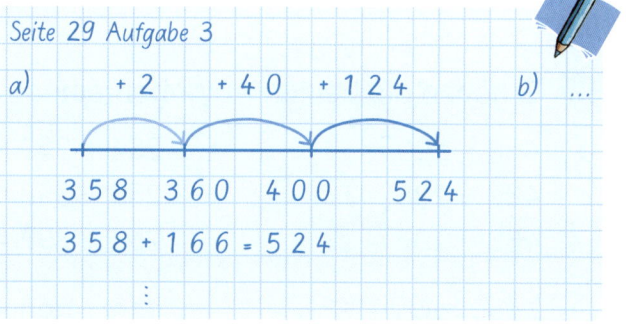

Seite 29 Aufgabe 3

a)   + 2   + 4 0   + 1 2 4   b) ...

3 5 8   3 6 0   4 0 0   5 2 4

3 5 8 + 1 6 6 = 5 2 4
⋮

4 Schreibe zu jeder Aufgabe die Rechnung
und die Antwort. Du kannst auch zeichnen.

a) Lisa hat 105 € gespart. Sie möchte ein
Waveboard für 67 € kaufen. Wie viel
Geld kann sie von ihren Ersparnissen
noch für andere Dinge ausgeben?

b) Tim hat 185 Briefmarken gesammelt.
Sein Freund Paul hat 224 Briefmarken.
Wie viele Briefmarken hat Paul mehr?

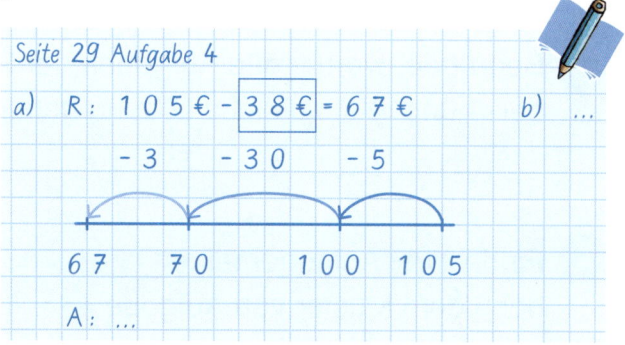

Seite 29 Aufgabe 4

a)   R: 1 0 5 € − 3 8 € = 6 7 €   b) ...
      − 3   − 3 0   − 5

6 7   7 0   1 0 0   1 0 5

A: ...

c) Im Supermarkt waren in der letzten Woche Müsliriegel ohne und
mit Schokolade im Angebot. Insgesamt wurden 534 Müsliriegel verkauft.
Von den Riegeln ohne Schokolade wurden 178 Stück verkauft.
Wie viele Müsliriegel mit Schokolade wurden verkauft?

★ übertragen ihre Kenntnisse des stellengerechten Zerlegens und schrittweisen Rechnens auf Platzhalteraufgaben
★ erstellen sinnvolle und nachvollziehbare Notizen
★ finden mathematische Lösungen zu Sachsituationen

Plus- und Minusaufgaben üben

1 Finde zu 3 Zahlen
2 Plusaufgaben
und 2 Minusaufgaben.
Schreibe sie auf.

Aufgabe
und Tauschaufgabe
und die beiden
Umkehraufgaben

a) 329 615 286   b) 457 802 345

c) 247 583 ?   d) 472 369 ?

Seite 30 Aufgabe 1

a) 3 2 9 + 2 8 6 = 6 1 5   b) ...

   2 8 6 + 3 2 9 = 6 1 5

   6 1 5 − 3 2 9 = 2 8 6

   6 1 5 − 2 8 6 = 3 2 9

2 Rechne und nutze Rechenvorteile.
Finde die vier falschen Aufgaben.
Schreibe sie mit dem richtigen Ergebnis auf.

a) 563 − 398 = 165   b) 625 + 297 = 922
   758 − 296 = 362   475 + 299 = 775
   354 − 99 = 254   237 + 695 = 932
   429 − 298 = 131   163 + 796 = 960

Seite 30 Aufgabe 2

a) ...

3 Ergänze die beiden Aufgabenreihen.

a) 468 − 299 = ▢   b) 254 + 399 = ▢
   467 − 298 = ▢   255 + 398 = ▢
   466 − 297 = ▢   256 + 397 = ▢
      ⋮   ⋮
   459 − 290 = ▢   263 + 390 = ▢

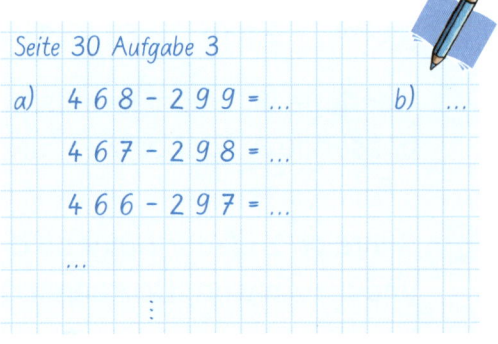

Seite 30 Aufgabe 3

a) 4 6 8 − 2 9 9 = ...   b) ...

   4 6 7 − 2 9 8 = ...

   4 6 6 − 2 9 7 = ...

   ...

      ⋮

 c) Erkläre einem anderen Kind,
wie du gerechnet hast.

 d) Begründe, warum alle Aufgaben der Reihen
bei a) und b) die gleiche Lösung haben.

4 Finde zwei Aufgabenreihen
nach dem Muster von Aufgabe **3**.

Seite 30 Aufgabe 4

...

    90 − 30 + 80   60 + 20 − 40 + 70   70 − 50 + 80 − 40 + 60   110 120 140

★ nutzen und erklären Rechenstrategien, finden und korrigieren Rechenfehler
★ beschreiben und entwickeln arithmetische Muster und erkennen deren Gesetzmäßigkeit
★ erkennen mathematische Zusammenhänge und begründen diese

Zahlenrätsel lösen und erfinden

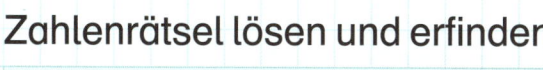

addieren   +
subtrahieren –

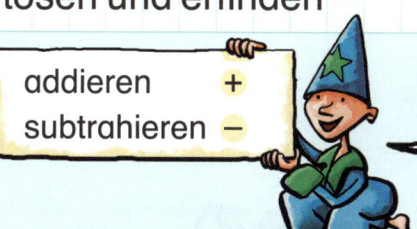

Sprechen wie die Mathematiker:
Addieren heißt plus rechnen, das Ergebnis heißt Summe.
Subtrahieren heißt minus rechnen, das Ergebnis heißt Differenz.

1 Finde die passende Aufgabe und löse sie.

Addiere 410 und 270.

Addiere zu 241 zuerst 123, dann 432.

Subtrahiere von 720 die Zahl 460.

Bilde die Summe aus 370 und 181.

Bilde die Differenz aus 566 und 240.

Subtrahiere von 682 zuerst 230, dann 351.

Seite 31 Aufgabe 1

Max: 4 1 0 + 2 7 0 = 6 8 0

...

2 Löse die Zahlenrätsel. Schreibe die Aufgaben in dein Heft.
Du kannst auch am Rechenstrich rechnen.

a) Meine Zahl erhältst du, wenn du von 747
die Zahl 23 subtrahierst und dann 130 addierst.

b) Meine Zahl erhältst du, wenn du 120 und 396
addierst und dann 236 subtrahierst.

c) Wenn ich zu meiner Zahl 720 addiere, erhalte ich 1 000.

d) Wenn ich von meiner Zahl 270 subtrahiere, erhalte ich 330.

Seite 31 Aufgabe 2

a) 7 4 7 – 2 3 = 7 2 4
    7 2 4 + 1 3 0 = 8 5 4

b) ...

3 Schreibe zu den Rechnungen Zahlenrätsel.
Verwende die Begriffe „addieren" und „subtrahieren".

a) 256 $\xrightarrow{+131}$ ■ $\xrightarrow{+84}$ ■

b) 386 $\xrightarrow{-173}$ ■ $\xrightarrow{-70}$ ■

c) 256 $\xrightarrow{-237}$ ■ $\xrightarrow{+188}$ ■

d) ■ $\xrightarrow{+50}$ ■ $\xrightarrow{-230}$ 145

Seite 31 Aufgabe 3

a) Welche Zahl erhältst du,
    wenn du zu 256 zuerst ...

b) ...

4 Erfinde selbst Zahlenrätsel für andere Kinder. Verwende
die Begriffe „addieren" und „Summe", „subtrahieren" und
„Differenz". Stellt euch die Rätsel gegenseitig vor und löst sie.

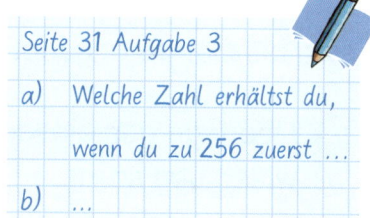

Seite 31 Aufgabe 4

...

→ AH Seite 24

★ verwenden die Fachbegriffe „addieren" und „subtrahieren", „Summe" und „Differenz"
★ lösen und erfinden Zahlenrätsel unter Verwendung der entsprechenden Fachbegriffe

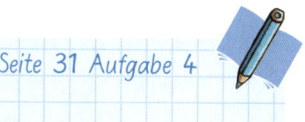

1 Lisa wohnt mit ihrer Familie seit vier Jahren in dem neuen Baugebiet „Längenholz".
Jedes Jahr werden dort weitere Häuser gebaut und Familien ziehen neu in diesen Ort.

Einwohnerzahlen Längenholz

Einwohnerzahl	am
625	31.12.2012
783	31.12.2013
897	31.12.2014
981	31.12.2015

a) Berechne, wie viele Einwohner
in jedem Jahr neu zugezogen sind.

b) Vergleiche die Zahlen. In welchem Jahr sind die meisten
Personen zugezogen, in welchem Jahr die wenigsten?

c) Rechne und stelle selbst Vergleiche zwischen
verschiedenen Jahren auf. Schreibe so in dein Heft:
Im Jahr … sind ▮ mehr/sind ▮ weniger
Personen zugezogen als im Jahr …

Seite 32 Aufgabe 1
a) 2013:
    783 − 625 = 158
    158 neue Einwohner
    2014:
    ⋮
b) …

2 Erstelle zusammen mit einem anderen Kind zur Entwicklung
der Einwohnerzahlen in Aufgabe **1** ein Plakat mit einem Schaubild.
Ihr könnt auf Millimeterpapier ein Säulendiagramm zeichnen oder
die Zeichen ☐ (= Hunderter), | (= Zehner), . (= Einer) benutzen oder …
Zeigt und erklärt eure Darstellungen in der Klasse.

3 Die Preise vieler Produkte schwanken im Lauf eines Jahres.

	Computer	Skiausrüstung	Gartenhaus
vor Weihnachten	549 €	652 €	650 €
im Frühjahr	549 €	498 €	~~777 €~~
als Sonderangebot	498 €	450 €	698 €

a) Überlege gemeinsam mit einem anderen Kind,
wieso das so ist.

b) Schreibt Vergleiche auf.

c) Welche Informationen enthält die Tabelle noch?
Schreibt eure Feststellungen und Rechnungen dazu auf.

Seite 32 Aufgabe 3
b) …

d) Überlegt, ob ihr selbst Beispiele für derartige Preisschwankungen kennt.

★ entnehmen einer Tabelle Informationen
★ entwickeln, nutzen und bewerten geeignete Darstellungsformen
★ finden mathematische Lösungen zu Sachsituationen

■ Rechteck ■ Quadrat ▲ Dreieck ● Kreis

1 Schau dir gemeinsam mit einem anderen Kind die Gegenstände an.
Besprecht, wo ihr Rechtecke, Quadrate, Dreiecke
und Kreise entdeckt.

2 Suche Gegenstände, die die Form von
Rechtecken, Quadraten, Dreiecken und
Kreisen haben. Schreibe oder zeichne sie auf.
Ordne ihnen die passende Form zu.

> Seite 33 Aufgabe 2
>
> CD – Kreis

3 Ordne den Formen die Merkmale zu.

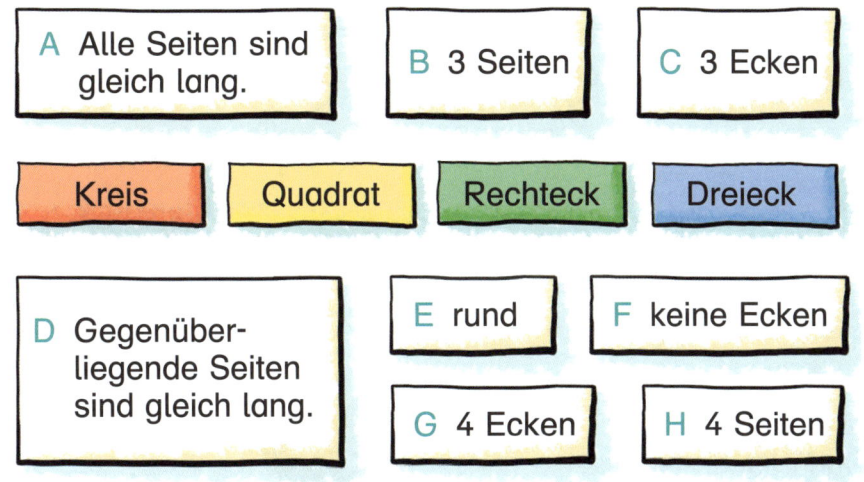

| A Alle Seiten sind gleich lang. | B 3 Seiten | C 3 Ecken |

Kreis Quadrat Rechteck Dreieck

| D Gegenüber-liegende Seiten sind gleich lang. | E rund | F keine Ecken |
| | G 4 Ecken | H 4 Seiten |

> Seite 33 Aufgabe 3
>
> Kreis: E, ...
>
> Quadrat: ...

★ entnehmen Darstellungen von Alltagsgegenständen relevante Informationen
hinsichtlich ihrer Flächenformen
★ untersuchen die Flächenformen und verwenden Fachbegriffe zu deren Beschreibung

→ Ü Seite 20

Geometrische Grundformen zeichnen und entdecken

1 Zeichne ohne Lineal auf ein
weißes Blatt beliebig große
Dreiecke, Rechtecke, Kreise
und Quadrate.

2 Zeichne mit dem Lineal folgende Figuren in dein Heft:

a) ein Quadrat, dessen Seiten 5 Kästchen lang sind

b) ein Rechteck, das 8 Kästchen lang und 4 Kästchen breit ist

c) ein Dreieck, dessen Grundseite 6 Kästchen lang ist

d) ein Quadrat mit der Seitenlänge 3 cm

e) ein Rechteck, das 5 cm lang und 2 cm breit ist

f) ein symmetrisches Dreieck, dessen Grundseite 4 cm lang ist

Seite 34 Aufgabe 2
a) ...

3 Zeichne im Heft Figuren nach folgenden Vorschriften:

a) ein Quadrat mit der Seitenlänge 4 cm. Es wird durch
zwei Symmetrieachsen in 4 kleine Quadrate geteilt.

b) ein Quadrat mit der Seitenlänge 6 cm. Es wird durch
zwei Symmetrieachsen in 4 Dreiecke geteilt.

c) ein Rechteck, das 8 cm lang und 4 cm breit ist.
Es wird durch eine Symmetrieachse in 2 Quadrate geteilt.

Seite 34 Aufgabe 3
a) ...

4 Notiere zu jeder Figur die Grundformen (Kreis, Dreieck,
Quadrat, Rechteck), die du entdeckst.

a) b) c) d)

Seite 34 Aufgabe 4
a) Quadrat, Dreieck
b) ...

5 Schreibe auf, wie viele Quadrate und Dreiecke du in jeder Figur findest.
Besprich deine Ergebnisse mit einem anderen Kind.

a) b) c) d)

e) f) g) h)

Seite 34 Aufgabe 5
a) 1 Quadrat, 2 Dreiecke
b) ...

6 Zeichne mindestens zwei geometrische Grundformen
in dein Lerntagebuch und beschreibe sie.

* zeichnen Flächenformen mit Hilfsmitteln und berücksichtigen dabei die Eigenschaften der Flächenformen
* entdecken Flächenformen in komplexeren Darstellungen

Ilja Grigorjewitsch Tschaschnik:
Suprematische Komposition

Wassily Kandinsky:
Mit dem Dreieck

1 Betrachte die Kunstbilder gemeinsam mit einem anderen Kind.
Besprecht zu jedem Bild, welche geometrischen Formen ihr entdeckt.

2 Wähle ein Bild aus und zeichne einen Ausschnitt daraus ab.

3 Gestalte selbst ein kunstvolles Gemälde aus geometrischen Formen.
Du kannst dir Gegenstände suchen, die du als Schablonen verwenden
kannst, oder Formenplättchen aus Pappe umfahren. Mit farbigem
Transparentpapier kannst du selbst ein tolles Kunstwerk schaffen.

Ich bin auch ein Künstler.

★ verwenden bei der Beschreibung von Kunstbildern mathematische Fachbegriffe
★ gehen kreativ mit geometrischen Figuren um

35

Knobelaufgaben: Mit Streichhölzern Figuren legen

1 Lege die dargestellten Figuren mit Streichhölzern oder Zahnstochern nach. Verändere die Figuren nach Vorschrift und zeichne dein Ergebnis ins Heft.

a) Lege zwei Hölzchen so um, dass du vier Dreiecke erhältst.

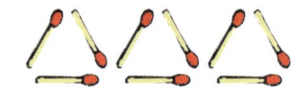

Seite 36 Aufgabe 1
a) ...

b) Entferne zwei Hölzchen so, dass drei kleine Dreiecke übrig bleiben.

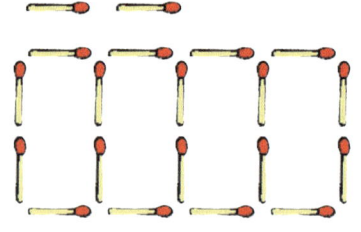

c) Lege zwei Hölzchen so um, dass aus den Rechtecken sechs Quadrate entstehen.

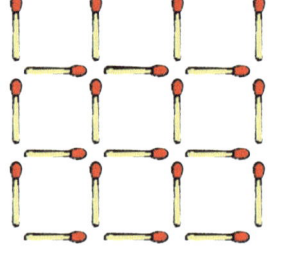

d) Nimm vier Hölzchen so weg, dass ein großes Quadrat und vier kleine Quadrate übrig bleiben.

e) Vergleiche deine Ergebnisse mit denen eines anderen Kindes.

1, 3, 6, 10, ...
Diese Zahlen nennt man Dreieckszahlen. Vor ungefähr 200 Jahren hat sie der Mathematiker Carl Friedrich Gauß entdeckt.

2 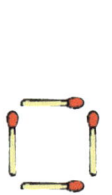 Arbeite gemeinsam mit einem Partnerkind. Legt die Figuren nach. Setzt die Reihe fort.

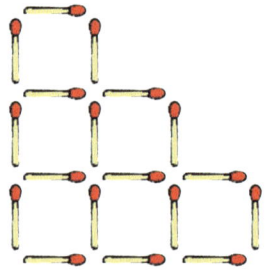

1 Quadrat   3 Quadrate   6 Quadrate

a) Aus wie vielen kleinen Quadraten besteht die nächste Figur? Aus wie vielen die übernächste?

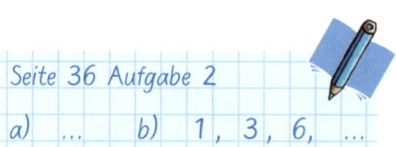
Seite 36 Aufgabe 2
a) ...   b) 1, 3, 6, ...

b) Schreibt die Anzahl der kleinen Quadrate als Zahlenreihe auf.

c) Findet ihr die Rechenregel, mit der ihr die Anzahl der kleinen Quadrate bei der 6. Figur bestimmen könnt?

★ verändern durch Umlegen ebene Figuren nach Vorgaben
★ erkennen, beschreiben und begründen die Struktur einer Figurenreihe

Flächeninhalte bestimmen und vergleichen

1 Flächeninhalte mithilfe von Kästchen bestimmen

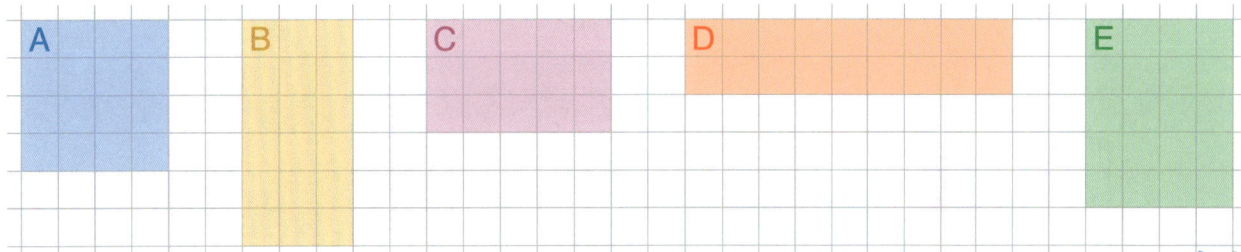

a) Schätze, welche Figur die größte Fläche hat.

b) Ermittle die Größe der Fläche für jede Figur. Bestimme dazu die Anzahl der ausgemalten Kästchen.

Seite 37 Aufgabe 1

a) Die größte Fläche hat: ...

b) Figur A:

$4 \cdot 4 = 16$ Kästchen

⋮

  2 Bestimme, wie viele Kästchen in die Flächen passen. Vergleiche und besprich deine Lösungen mit einem anderen Kind.

Seite 37 Aufgabe 2

A: ... Kästchen   B: ...

3 Bestimme für jede Figur den Flächeninhalt über die Anzahl der Kästchen. Du kannst die Figuren zerlegen und dann wie in Aufgabe **1** berechnen.

Seite 37 Aufgabe 3

A: ...

Aus einer Fläche mache ich drei.

$3 \cdot 10 + 3 \cdot 5 + 2 \cdot 3$

★ schätzen und bestimmen den Flächeninhalt von Rechtecken und Quadraten
★ bestimmen den Flächeninhalt durch Zerlegen in Teilstücke

37

Figuren mit gleichem Flächeninhalt erkennen und zeichnen

1 Finde Figuren mit gleich großem Flächeninhalt.
Schreibe diese jeweils nebeneinander auf.

Seite 38 Aufgabe 1

A – ..., ...

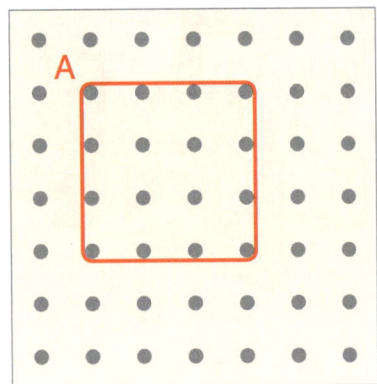

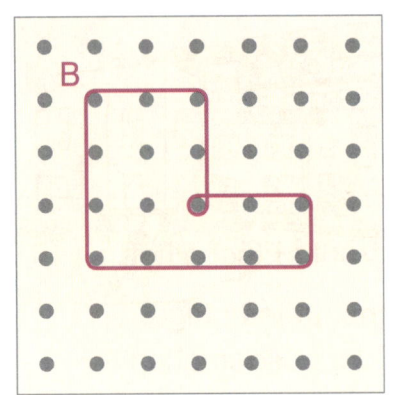

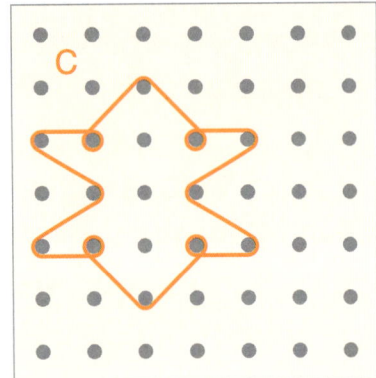

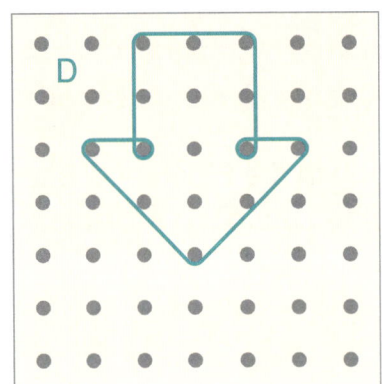

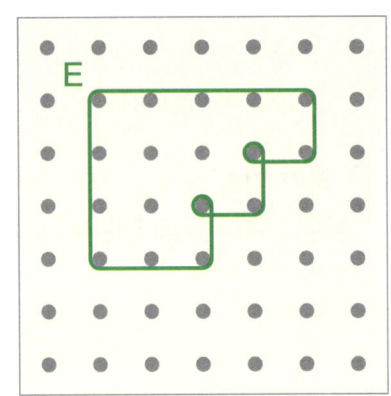

2 Finde ohne Abzählen der Kästchen jeweils
die beiden Figuren mit der gleich großen Fläche.

a) Schreibe die beiden Paare auf.

b) Beschreibe deine Überlegungen
einem anderen Kind.

Seite 38 Aufgabe 2

a) ...

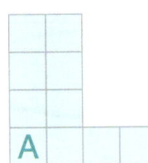

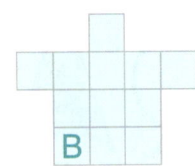

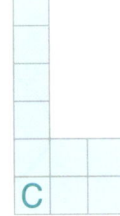

3 Zeichne jeweils weitere Figuren mit gleichem Flächeninhalt.

a)  **b)**  **c)**

Seite 38 Aufgabe 3

a) ...

★ übertragen ihre Vorgehensweise bei der Flächenbestimmung
auf den Vergleich von dargestellten Flächen
★ beschreiben ihre Vorgehensweise bei Flächenvergleichen

→ AH Seite 25
→ Ü Seite 21

 1

Schau dir die Muster an. Überlege, ob und wo du solche Ornamente schon einmal gesehen hast.

2 Auch mit solchen
Flächenformen
kann man Ornamente
gestalten:

  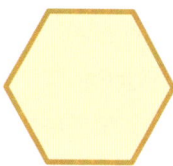 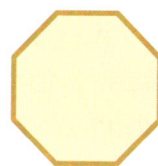

Quadrat   Dreieck   Sechseck   Achteck

a) Suche mindestens ein Ornament aus.
Zeichne es ab und setze es nach rechts und unten fort.
Du kannst es auch farbig gestalten.

Seite 39 Aufgabe 2
a) ...

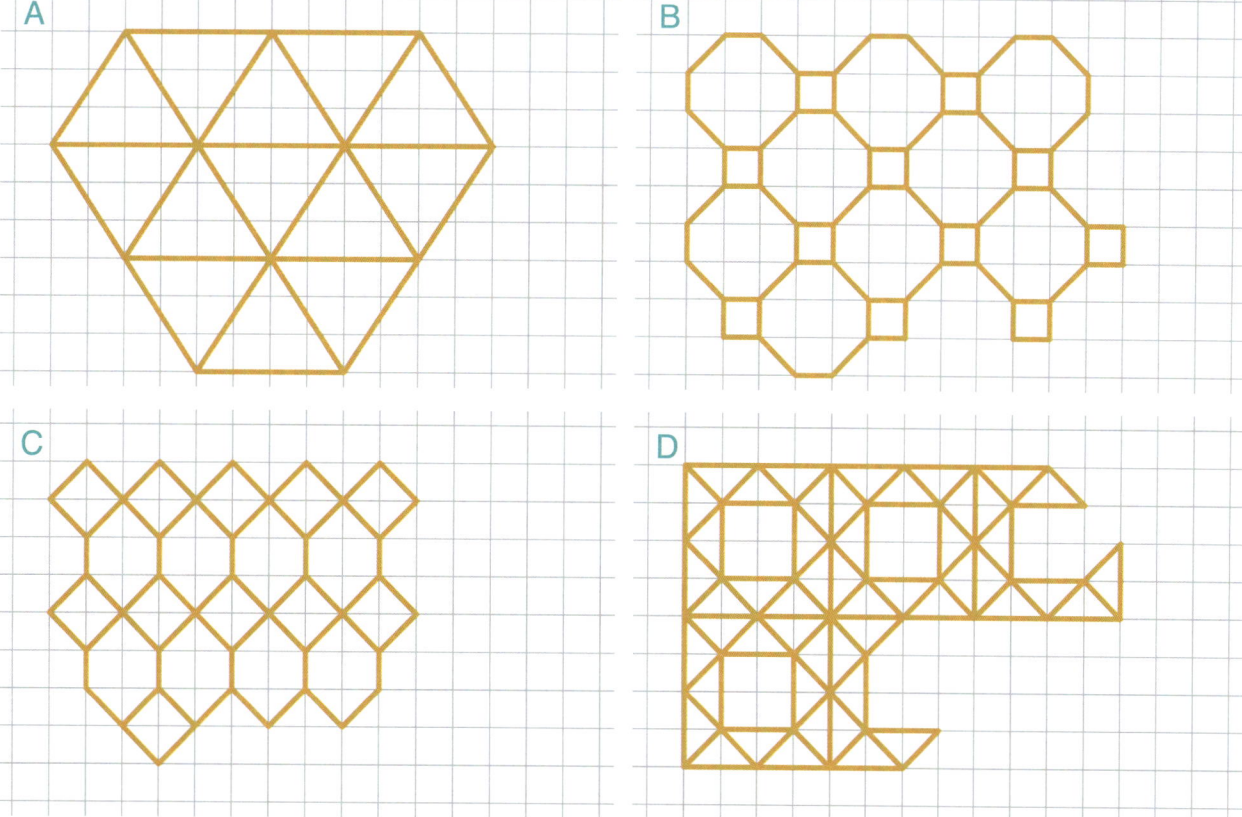

b) Gestalte selbst ein Ornament, das ein anderes Kind fortsetzen kann.

→ AH Seite 26

⋆ übertragen Ornamente und setzen sie fort
⋆ gestalten eigene Muster und Ornamente

1 Suche dir ein anderes Kind. Beschreibt euch gegenseitig das Ornament. Welche Begriffe könnt ihr dafür nutzen?

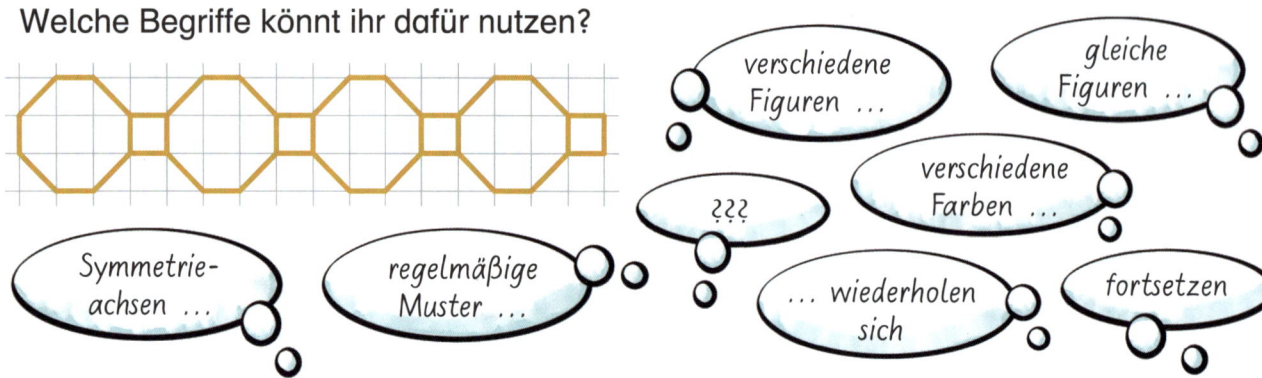

verschiedene Figuren ...

gleiche Figuren ...

???

verschiedene Farben ...

Symmetrie-achsen ...

regelmäßige Muster ...

... wiederholen sich

fortsetzen

2 Wähle ein Muster aus.

a) Zeichne es in dein Heft. Setze es fort, so dass daraus ein Bandornament wird.

b) Verändere das Muster in deinem Heft. Es soll ein Bandornament bleiben.

c) Begründe einem anderen Kind, warum das Muster auch nach deiner Veränderung ein Bandornament ist.

A
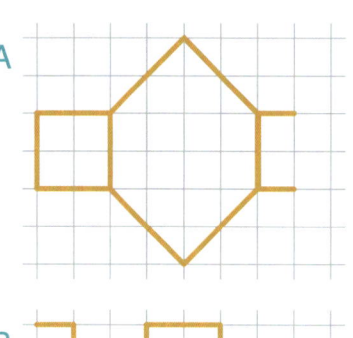

B
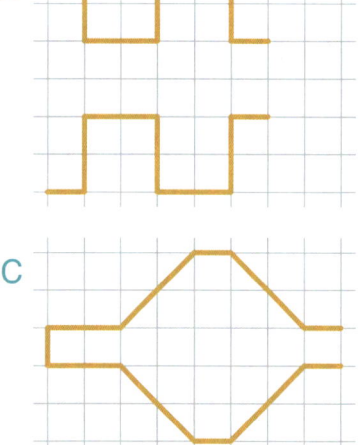

C

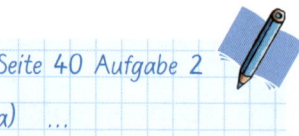

Seite 40 Aufgabe 2

a) ...

3 Besprich mit einem anderen Kind, welche der beiden Figuren ein Bandornament ist und warum.

A

B

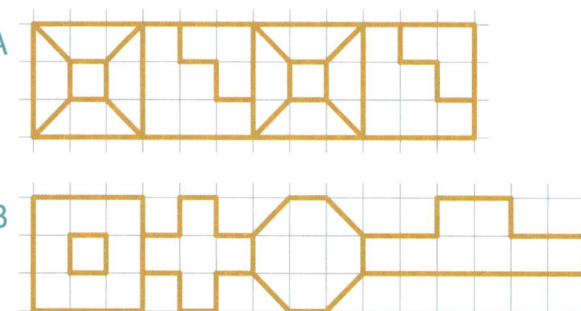

| $90 + 60 - 80$ | $150 - 60 + 30 - 70$ | $60 + 50 - 30 + 40 - 60$ |

 50   70   60

★ bestimmen und erklären Gesetzmäßigkeiten in Bandornamenten, verändern diese oder setzen sie fort